中国电子教育学会电子信息类优秀教材一等奖

全国职业教育规划教材·装备制造系列

U0038746

# 模具装配与调试

## （第二版）

赵世友　郭施霖　编著

北京大学出版社
PEKING UNIVERSITY PRESS

# 内 容 简 介

本书是一本理论与实践一体、学做合一的教材，突出工学结合，采用模块式任务驱动，通过任务引入、任务分析，介绍相关知识，进行任务实施与考核。本书内容上注重实用性，便于自学，适合授课和培训。

本书共分 8 个项目，分别是模具装配基础、冲压模具装配、塑料模具装配、冲压模具的安装与调试、冲压模具的维护与修理、塑料模具的安装与调试、塑料模具的维护与修理、模具拆卸工艺。

本书适用于高职高专模具专业 3 年学制学生使用（40～60 学时，含实践学时），也可作为从事模具设计与制造的专业技术人员的参考用书、机械工人岗位培训和自学用书。

## 图书在版编目（CIP）数据

模具装配与调试／赵世友，郭施霖编著. — 2 版. —北京： 北京大学出版社， 2016.8
（全国职业教育规划教材·装备制造系列）
ISBN 978 -7 -301 -26952 -7

Ⅰ.①模…　Ⅱ.①赵…②郭…　Ⅲ.①模具—装配（机械）—高等职业教育—教材②模具—调试方法—高等职业教育—教材　Ⅳ.①TG76

中国版本图书馆 CIP 数据核字（2016）第 032663 号

| | |
|---|---|
| 书　　　名 | 模具装配与调试（第二版） |
| 著作责任者 | 赵世友　郭施霖　编著 |
| 策 划 编 辑 | 温丹丹 |
| 责 任 编 辑 | 温丹丹 |
| 标 准 书 号 | ISBN 978 -7 -301 -26952 -7 |
| 出 版 发 行 | 北京大学出版社 |
| 地　　　址 | 北京市海淀区成府路 205 号　100871 |
| 网　　　址 | http://www.pup.cn　　新浪微博：@北京大学出版社 |
| 电 子 信 箱 | zyjy@pup.cn |
| 电　　　话 | 邮购部 62752015　发行部 62750672　编辑部 62765126 |
| 印 刷 者 | 北京鑫海金澳胶印有限公司 |
| 经 销 者 | 新华书店 |
| | 787 毫米×1092 毫米　16 开本　12.75 印张　311 千字 |
| | 2010 年 2 月第 1 版 |
| | 2016 年 8 月第 2 版　2016 年 8 月第 1 次印刷 |
| 定　　　价 | 28.00 元 |

# 前　　言

模具是现代制造工业的基本工艺装备之一，模具技术在产品开发、制造中起到越来越重要的作用。随着模具应用得越来越多，模具制造在模具生产中占有非常重要的位置。模具制造中的模具装配与调试是模具制造者要熟练掌握的主要技术和技能，为此，我们根据职业教育的特点，结合模具工业发展对技能人才的知识技能要求，编写了这本理论与实践相结合、学做合一的模具装配与调试教材，供模具专业学生使用。

本书介绍了模具装配基础，选择典型的冲压模具、塑料模具进行装配，涉及冲压模具的安装与调试、维护与修理，塑料模具的安装与调试、维护与修理等技能和相关知识内容。本书内容丰富，通俗易懂，图文并茂，实用性强。

本书由沈阳职业技术学院赵世友、郭施霖编写。在编写过程中我们深入模具企业开展调研，结合现阶段企业生产情况，分析研究了生产中的模具装配图样，与工程技术人员共同筛选出适合高职特点的典型图例编写在书中。本书中的例子和方法主要取自工程实例和实际生产应用，以增强学生的工程化意识，并间接获取一定的工作经验。

本书的编写得到辽宁省模具学会及有关工厂企业、高等院校的大力支持，在此表示衷心感谢。我们在编写过程中还参考、引用了一些有关资料，特向相关作者表示衷心的感谢。

本书 2011 年获得"中国电子教育学会电子信息类优秀教材一等奖"。

由于编者水平有限，书中难免存在一些缺点和错误，恳请广大读者批评指正。

编　者

2016 年 7 月

# 目　　录

# 项目 1 模具装配基础

## 任务 1 模具装配与调试概述

任务引入

本任务简要介绍模具装配与调试的内容,如冲裁级进模总装配图(如图 1-1 所示),产品零件图[如图 1-2 (a) 所示],排样图[如图 1-2 (b) 所示],包括模具装配工艺过程、模具装配精度和装配方法、模具装配的技术要求等,通过本任务的学习,要求学生了解模具装配与调试的全过程,为其打下良好的理论基础和技术准备工作。

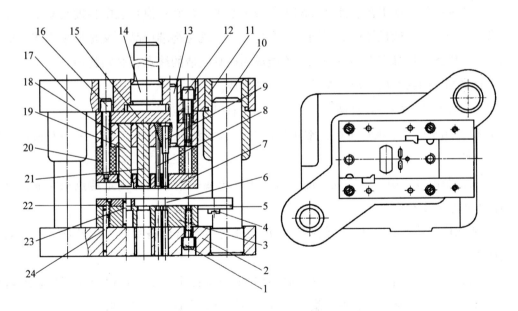

**图 1-1 冲裁级进模总装配图**

1、4、12、22—螺钉  2—下模座  3—凹模  5—承料板  6—导料板  7—卸料板  8、9、21—凸模
10—导柱  11—导套  13—销钉  14—模柄  15—垫板  16—卸料螺钉  17—上模座  18—固定板
19—侧刃  20—橡胶  23、24—销钉

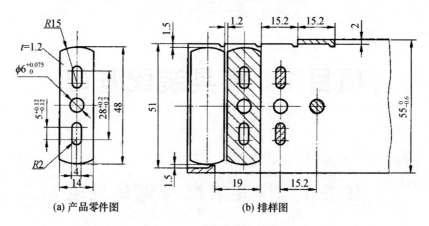

(a) 产品零件图　　　　　　　　(b) 排样图

**图 1-2　产品零件图与排样图**

 任务分析

　　模具装配是按照规定的技术要求，将加工完成符合设计要求的零件和购置的标准件，按设计的工艺进行相互配合、定位与安装、连接与固定成为模具，并完成调整、试模及检验的全过程。模具装配是模具制造过程中非常重要的环节，装配质量直接影响模具的精度和寿命。研究模具装配工艺、提高装配工艺技术水平，是确保模具装配精度与质量的关键工艺措施。模具与一般机械产品不同，具有特殊性，既是终端产品，又是用来生产其他制件的工具。因此，模具零件制造的完成不能成为模具制造的终点，必须将模具调整到可以生产出合格制件的状态后，模具制造才算大功告成。

　　模具装配与调试同一般机械产品的装配相比有以下特点。

　　① 模具属于单件小批量生产，常用修配法和调整法进行装配，较少采用互换法，生产效率较低。

　　② 模具装配多采用集中装配，即全过程由一个或一组工人在固定地点来完成，对工人的技术水平要求较高。

　　③ 装配精度并不是模具装配的唯一标准，能否生产出合格制件才是模具装配的最终检验标准。

　　④ 模具装配的技术要求主要是根据模具功能要求提出来的，用以指导模具装配前对零件、组件的检查、指导模具的装配工作以及指导成套模具的检查验收。

　　⑤ 模具的检查与调试是指按模具图样和技术条件，检查模具各零件的尺寸、表面粗糙度、硬度、模具材质和热处理方法等，检查与调试模具组装后的外形尺寸、运动状态和工作性能等。检查内容主要包括外观检验、尺寸检查、试模和制件检查、质量稳定性检查、模具材质和热处理要求检查等。

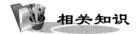相关知识

1．模具装配工艺过程

模具装配工艺过程是根据装配图样和技术要求，将模具的零部件按照一定的工艺顺序进行配合与定位、连接与固定成为模具的过程。主要介绍冲压模具（简称冲模）和塑料模具（简称塑模）的装配。模具的装配工艺过程通常按模具装配的工作顺序划分为相应的工序和工步。一个装配工序可以包括一个或几个装配工步。模具零件的组件组装和总装都是由若干个装配工序组成的。

模具的装配工艺过程包括以下 3 个阶段。

（1）装配前的准备阶段

① 熟悉模具装配图、工艺文件和各项技术要求，了解产品的结构、零件的作用以及相互之间的连接关系。

② 确定装配的方法、顺序和所需要的工艺装备。

③ 对装配的零件进行清洗，去掉零件上的毛刺、铁锈及油污，必要时进行钳工修整。

（2）装配阶段

① 组装阶段。将许多零件装配在一起构成的组件并成为模具的某一组成部分，称为模具的部件，其中，那些直接组成部件的零件，称为模具的组件。把零件装配成组件、部件的过程分别称为模具的组件装配和部件装配。

② 总装阶段。把零件、组件、部件装配成最终产品的过程称为总装。

（3）检验和试模阶段

模具的检验主要是检验模具的外观质量、装配精度、配合精度和运动精度。

模具装配后的试模、修正和调整统称为调试。其目的是试验模具各零部件之间的配合、连接情况和工作状态，并及时进行修配和调整。

模具装配工艺过程如图 1-3 所示。

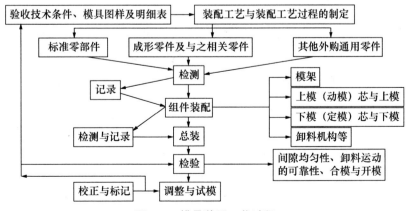

图 1-3　模具装配工艺过程

**2．模具装配精度和装配方法**

模具的装配精度包括零件间的距离精度、相互位置精度（如平行度、垂直度等）、相对运动精度、配合精度及接触精度等。一般情况下，零件的制造精度是保证装配精度的基础，但装配精度并不完全取决于零件的制造精度。

装配方法不同，则零件的加工精度、装配的技术要求及生产效率不尽相同。模具装配中往往根据实际情况（零件的加工难度、重要性等）选择合理的装配方法。实践中，模具的装配方法主要有以下几种。

（1）修配法

在某些零件上预留修配量，在装配时根据需要修配指定零件以达到装配精度的方法，称为修配法。采用这种装配方法能在很大程度上放宽零件制造公差，相关模具零件就可以按较低成本的经济精度进行制造，使加工容易，同时，通过修配又能达到很高的装配精度。修配法是模具生产中采用最广泛的方法，常用于模具中工作零件部分的装配。

（2）互换法

零件按规定公差加工后，不需经过修配和选择（分组互换经简单选择）就能保证装配精度的方法，称为互换法，包括完全互换法、部分互换法和分组互换法。这种方法可以使装配工作简单化，但要求零件的加工精度较高，因此适用于批量生产。模具生产属于单件小批量生产，较少采用互换法，而只在大批量生产的导柱、导套及模架中常用互换法。

（3）调整法

在装配链中预留有调整零件，装配时用改变产品中可调零件的相对位置或选用合适的调整件以达到装配精度的方法，称为调整法。一般常采用螺栓、斜面、挡环、垫片或连接件之间的间隙作为补偿环。调整法在模具装配中常用调整垫片的方法达到某些部分的装配精度，如调整注塑模具中侧抽芯滑块的位置。

**3．模具装配的技术要求**

模具装配的技术要求，包括模具的外观和安装尺寸、总体装配精度两大方面。模具装配时要求相邻零件，或相邻装配单元之间的配合与连接均需装配工艺确定的装配基准进行定位与固定，以保证其间的配合精度和位置精度。保证凸模（或型芯）与凹模（或型腔）间有精密、均匀地配合和定向开合运动，保证其他辅助机构（如卸料、抽芯与送料等）运动的精确性。

评定模具精度等级、质量与使用性能的技术要求如下。

① 通过装配与调整，使装配尺寸链的精度能完全满足封闭环（如冲压模具凸模、凹模之间的间隙）的要求。

② 装配完成的模具，经过冲压、塑料注射、压铸出的制件（分别为冲压件、塑件、压铸件）完全满足合同规定的要求。

③ 装配完成的模具使用性能与寿命，可达预期设定的、合理的数值与水平。

制造模具的目的是要生产制品，因而模具完成装配后必须满足规定的技术要求，不仅如此，还应按照模具验收的技术条件进行试模验收。

 任务实施

**1. 审定模具全套图样**

冲裁级进模的总装配如图 1-1 所示。

① 审定模具的装配关系；

② 检查模具的工作原理能否保证零件准确成形；

③ 检查装配图的表达是否清楚、正确、合理；

④ 检查相关零件之间的装配关系是否正确；

⑤ 检查总体技术要求是否正确、完整，以及能否实现；

⑥ 检查装配图的序号、标题栏、明细表是否正确和完整。

**2. 审定模具零件与零件图**

① 检查零件图与装配图的结构是否相符；

② 检查相关零件的结构与加工尺寸是否吻合；

③ 检查零件的材料及热处理是否正确、合理；

④ 检查其他技术要求是否完整。

**3. 查验标准件及外购件的明细表（如表 1-1 所示）**

表 1-1　查验标准件及外购件的明细

| 零（部）件名称 | 零件序号 | 规格及标准代号 | 数量 |
|:---:|:---:|:---:|:---:|
| 模架 | 2、10、11、17 | $140 \times 125 \times 140 - 70$（GB 2872.2—81） | 1 副 |
| 螺钉 | 1、12 | $M10 \times 45$（GB 70—76） | 8 个 |
| 螺钉 | 4 | $M8 \times 6$（GB 70—76） | 2 个 |
| 螺钉 | 22 | $M10 \times 10$ | 4 个 |
| 销钉 | 13、24 | $10 \times 45$（GB 119—76） | 4 个 |
| 销钉 | 23 | $8 \times 20$（GB 19—76） | 4 个 |
| 橡胶 | 20 | | 4 块 |

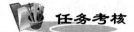 **任务考核**

模具装配与调试概述考核评价表如表 1-2 所示。

表 1-2　模具装配与调试概述考核评价表

| 序号 | 实施项目 | 考核要求 | 配分 | 评分标准 | 得分 |
|---|---|---|---|---|---|
| 1 | 熟悉模具装配图 | 读懂模具装配图、工艺文件的各项技术要求；了解产品的结构、零件的作用以及相互之间的连接关系 | 20 | 具备装配图的识图能力，掌握模具装配工艺过程 | |
| 2 | 检查零件图与装配图的结构是否相符 | 读懂模具装配图、分解装配图 | 20 | 具备装配图分解能力 | |
| 3 | 检查相关零件的结构与加工尺寸是否吻合 | 读懂模具零件图 | 10 | 熟练掌握公差配合与尺寸标注 | |
| 4 | 检查零件的材料及热处理是否正确、合理 | 区分零件材料及热处理方法 | 15 | 掌握材料及热处理的知识 | |
| 5 | 检查其他技术要求是否完整 | 了解模具装配工艺规程 | 5 | 掌握模具装配工艺过程 | |
| 6 | 查验标准件及外购件的明细表 | 了解模具装配工艺过程 | 5 | 掌握模具装配工艺过程 | |
| 7 | 模具的装配方法 | 合理选择模具的装配方法 | 10 | 掌握模具的装配方法 | |
| 8 | 模具装配精度 | 了解模具装配的技术要求 | 15 | 掌握评定模具精度等级、质量与使用性能的技术要求 | |

# 任务 2　模具零件的手动工具加工

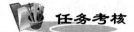 **任务引入**

本任务是正六边形凸模、凹模锉配的手动工具加工，如图 1-4 所示。通过本任务介绍划线、钻孔、攻丝、研磨与抛光、锉削等模具零件的手动工具加工内容，要求学生了解模具零件的手动工具加工知识和技能，做好模具装配与调试工作。

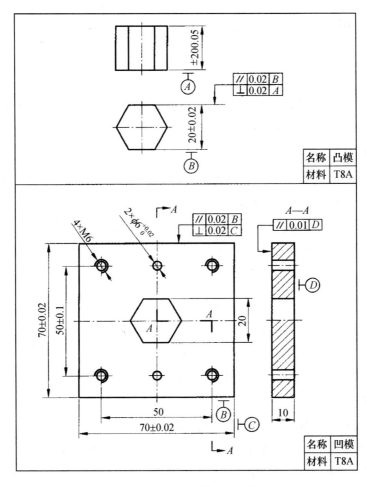

图 1-4　正六边形凸模、凹模锉配

 任务分析

　　模具零件的手动工具加工是利用虎钳及各种手工工具、电动工具、钻床以及模具专用设备来完成目前机械加工还不能完成的工作，并将加工好的零件按图纸进行装配、调试，最后制出合格的模具产品。模具零件的手动工具加工是模具装配和调试的基础。

　　模具钳工要制造出合格的模具，必须做到以下几点。

　　① 掌握模具零件的手动工具加工方法和模具装配方法。

　　② 了解模具零件、标准件的技术要求和制造工艺。

　　③ 熟悉模具的结构和工作原理。

　　④ 掌握模具的调整方法。

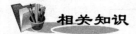 **相关知识**

1. 划线

划线工序是零件经外形加工后，以某些基面为准，在待加工部位划出所有需加工部位的尺寸线及中心位置线，作为下道工序加工时定位、找正、加工和测量的参考依据。

（1）划线时的注意事项

① 按图纸的基本尺寸划出加工时需要参照的所有尺寸及中心位置，线条必须准确、清晰，线条粗细一般为 0.05～0.1 mm。

② 按零件加工方法的要求进行，加工方法所用的工具不同时，要划的加工线也不同。

③ 当两个以上零件必须保证其尺寸一致时，为防止划线误差，需将各零件按统一的基准将线一起划出。

④ 正确选择基准，并尽量与设计或工艺基准一致，划线时的基准应保证精度和粗糙度的要求。

⑤ 脱模斜度一般不划出，凸模或零件上的凸出部位均按大端尺寸划线，凹模或零件上的凹入部位均按小端尺寸划线，脱模斜度在加工中保证。

（2）划线的方法

① 普通划线法。利用常规划线工具进行划线，其精度一般为 0.1～0.2 mm。

② 样板划线法。常用于多型腔及复杂形状的划线，利用线切割机床或样板铣床加工出样板，然后在模块上按样板划线。

③ 精密划线法。一般利用高精度机床及附件进行划线。利用铣床的工作台及回转工作台的坐标移动及圆周运动进行划线，并利用块规、千分表及量棒等工具来检测工作台及转台的位移精度，划线精度可达 0.05 mm；利用数控铣床或数显铣床划线，划线精度可达 0.01 mm；利用坐标镗床划线，划线精度可达 0.005～0.01 mm；利用样板铣床划线，精度可达微米级。精密划线的加工线可直接作为加工及测量的基准。

④ 打样冲孔。为防止加工时磨失掉划出的加工线，需沿划出的加工线全长及中心位置的交点上打样冲孔，打样冲孔的深度应保证精加工后不会残留痕迹，中心位置交点处的打样冲孔必须准确地打在交点的中心位置，要求精度较高时应在机床上用下中心位置，或利用坐标镗床定下孔的中心位置。

2. 孔加工

（1）钻孔加工

① 工件的夹持。钻孔时，工件的基面要求平整，锋利的边角要倒钝，然后平稳地放置在工作台上。根据工件的大小和不同形状，妥善地设法把它们夹持好，再进行钻孔。一

般 8 mm 以下的小孔，只要工件可以用手握住的，就用手握住工件进行钻孔。若手不能拿住的小型工件，或钻孔直径超过 8 mm，则必须用虎钳和平行夹板夹持，如图 1-5 所示。

长工件钻孔，用手握住并在钻床的台面上用螺钉挡住，这样比较安全，如图 1-6 所示。

平整四方的工件，一般直接夹持在平口虎钳上，如图 1-7 所示。

  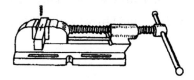

图 1-5　小工件钻孔　　图 1-6　用螺钉挡住钻孔　　图 1-7　平整工件的夹持

圆柱形工件，一般把工件放在 V 形铁上夹持，如图 1-8（a）、（b）所示。大型工件钻孔，一般直接放在钻床工作台上夹持，如图 1-8（c）所示。

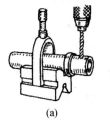 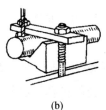 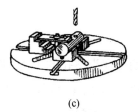

（a）　　　　　（b）　　　　　（c）

图 1-8　圆柱工件的夹持

② 常规划线钻孔。钻通孔时，孔的下面需留出钻头的空隙，防止钻头钻透底面时钻伤钻床的工作台面或夹持工件的夹持工具。

钻不通孔时，要注意钻孔深度的控制，调整好钻床深度标尺挡块，或其他必要的限位措施，确保钻孔的质量和安全。

钻深孔时，要注意及时排除切屑，防止钻头磨损或折断。每当钻头钻进深度达到 3 倍的孔径时，必须将钻头从孔内提出并把切屑清除掉。

钻大直径孔时，因钻头横刃轴向阻抗力较大，应先用大于该钻头横刃宽度的小钻头先钻预孔，然后再用大钻头钻，如图 1-9 所示。一般直径超过 30 mm 的孔，均应分两次钻削。

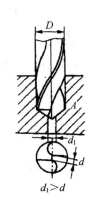

图 1-9　两次钻孔

钻具有精度要求的孔，应由坐标镗床来打洋冲眼，最好由坐标镗床中心钻先钻出眼窝，然后再用钻床钻孔。钻孔时，工件最好不用压板压紧，让工件与工作台自由松动，可使钻头自动找到钻孔中心。当钻头刃带从中心钻孔的眼窝钻入 2～3 mm 时，然后在钻孔过程中把压板螺钉徐徐拧紧，通过这样的工序钻孔，一般孔的中心距能控制在 0.1 mm 以下。

（2）扩孔

扩孔是用扩孔钻，如图 1-10 所示，对工件上已有的孔进行扩大加工。扩孔钻有较多刀齿，这是为了提高切削效率。同时，刃带增多，扩孔时导向作用也提高。当钻心不承受轴向力时，切削就会平稳，不会颤动。因此，扩孔的质量比钻孔高，常作为孔的半精加工，对于精度要求高的孔，总是先钻孔，然后再扩孔。没有合适的扩孔钻，用麻花钻代替也可以，可以用做铰孔前的预加工。

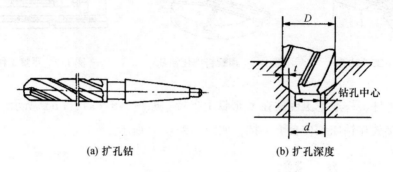

| (a) 扩孔钻 | (b) 扩孔深度 |

**图 1-10　扩孔**

扩孔的切削速度为钻孔的 1/2，进给量为钻孔的 1.5～2 倍。如果扩孔前的底孔先用 0.5～0.7 倍的钻头钻预孔，再用等于孔径的扩孔钻扩孔，则效果更好。

扩孔时应注意以下问题。

① 扩孔的吃刀深度 $t$ 不宜太小。

② 扩孔钻的韧带应确保倒锥度。

③ 扩孔切削速度和进刀量不宜太快。

④ 扩孔的冷却润滑供给不能间断。

（3）锪孔

锪孔就是在孔端面锪圆柱形埋头孔、锪圆锥形埋头孔，锪凸台平面，如图 1-11 所示。

① 锪孔方法。

A. 锪圆柱孔。用来锪螺钉圆柱形埋头孔，由专用柱形锪钻进行锪孔，如图 1-11 (a) 所示。

| (a) 锪圆柱形埋头孔 | (b) 锪圆锥形埋头孔 | (c) 锪凸台平面 |

**图 1-11　锪孔**

B. 锪圆锥孔。锪锥形孔用锥形锪钻，如图 1-11（b）所示。锥形钻的锥角有 60°、75°、90°、120°四种。

C. 端面锪孔。简单的端面锪平，如图 1-11（c）所示。它是由白钢刀条磨成，装入刀杆用螺钉紧固。刀杆上的方孔要做到正确；孔的轴线与刀杆轴线要垂直，尺寸大小与刀片采用 H8/h7 配合。

② 锪孔注意事项。锪孔方法与钻孔方法基本相同，锪孔容易产生的问题是振动而使所锪的端面出现振痕。为了避免这种现象，要注意做到以下几点。

A. 用麻花钻改制锪钻，要尽量挑选短的旧钻头改制，既能减小振动，又可旧物利用。

B. 锪钻的后角和外缘处的前角要适当减小，以防产生扎刀现象。

C. 切削速度应比钻孔低 1/3，精锪时要更慢，甚至可利用停车的惯性来锪出，以获得光滑表面。

D. 锪钻的刀杆和刀片都要装夹牢固，工件要压紧。

E. 锪钻工件时，要在导柱和切削表面加些机油或黄油润滑。

（4）铰孔

① 铰孔方法。机铰刀一般用于车床和钻床上进行铰孔；手铰刀则用铰杠进行铰孔，如图 1-12 所示。

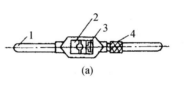

图 1-12　手工铰孔

1—固定手柄　2—固定块　3—接头　4—活动手柄

铰孔的前道工序，必须留有一定的加工余量，供铰孔加工。铰孔加工余量适当，铰出的孔壁光洁。如果余量过大，容易使铰刀磨损，影响孔的表面粗糙度，还会出现多边形；当余量太小时，铰刀的啃刮很严重，增加了铰刀的磨损。因此要留有合理的铰削余量，表 1-3 列出了铰削余量的范围。

表 1-3　铰削余量

| 铰孔直径/mm | <5 | 5～20 | 21～32 | 33～50 | 51～70 |
|---|---|---|---|---|---|
| 铰孔余量/mm | 0.1～0.2 | 0.2～0.3 | 0.3 | 0.5 | 0.8 |

机铰的切削速度和进给量。在机铰铰削时，切削速度和进给量要选择得适当，不能单纯为了提高效率而选得过大，否则容易磨损，也容易产生积瘤而影响加工质量。但进给量也不能太小，因切屑厚度太小，反而很难切下材料。同时，机铰以很大的压力推压被切削材料，结果被碾压过的材料就会产生塑性变形和表面硬化，严重破坏表面光洁，也加快铰刀的磨损。

使用普通高速钢机铰刀，当加工材料为铸铁时，切削速度不应超过 10 m/min，进给量在 0.8 mm/r 左右；当加工材料为钢材时，切削速度不超过 8 m/min，进给量在 0.4 mm/r 左右。

铰刀工作时，其后面跟孔壁的摩擦很大，所以铰孔时必须使用冷却润滑液，这样可以减少摩擦，保证孔的表面光亮。铰孔时用的冷却润滑液，可参照表 1-4。

表 1-4　铰孔的冷却润滑液

| 加工材料 | 冷却润滑液 |
|---|---|
| 钢 | 1. 10%～20% 乳化液<br>2. 铰孔要求高时，采用 30% 菜油加 70% 肥皂水<br>3. 铰孔要求更高时，可用茶油、柴油、猪油 |
| 铸铁 | 1. 不用<br>2. 煤油（但会引起孔径缩小 0.02～0.04 mm）<br>3. 低浓度的乳化液 |
| 铝 | 煤油 |
| 铜 | 乳化液 |

② 铰孔注意事项。铰孔时要注意以下几点。

A. 要选择好、检查好所要使用的铰刀。

B. 工件要夹正，对薄壁孔工件注意夹持力度，避免夹变形。待铰的孔必须与水平面垂直。

C. 手铰过程中，两手用力要平衡，旋转铰杠的速度要均匀，铰刀不得摇摆，以保持铰削的稳定性，避免出现口部铰成喇叭口。

D. 注意变换铰刀每次停歇的位置，以消除铰刀常在一处停歇而造成振痕。

E. 铰刀进给时，不要猛力压铰杠，要随着旋转轻轻加压铰杠，使铰刀缓慢引进孔内并均匀地进给，以保证孔壁良好的粗糙度。

F. 铰刀不准反转，退出时也要顺旋转。因为反转会使切屑轧在孔壁和铰刀刀齿的后刀面之间，将孔壁刮毛。同时铰刀也容易磨损，甚至崩刃。

G. 铰削钢料时切屑碎末容易粘在刀齿上，要经常注意清除，并用油石修光刀刃，以免孔壁被拉毛。

H. 铰削过程中，如果铰刀被卡住，千万不要猛力拨转铰杠，以防损坏铰刀。此时应用木棒轻敲铰刀下端部，慢慢把铰刀取出。然后清理孔壁，检查铰刀，用油石把孔壁的刀痕修光滑，继续缓慢进给，以防在原处再次卡住。

I. 机铰时要在铰刀退出后再停车，否则孔壁有刀痕，在退刀时会把孔拉毛。铰通孔时，铰刀的校准部分不能全部出头，否则孔的下端要刮坏，再退出时也显得困难。

J. 机铰时要注意机床主轴、铰刀和工件孔三者的同轴性。当铰孔精度要求很高时，应选用一种万向式浮动铰刀夹头，在夹头体与套筒、销轴与套筒之间均有一定的间隙。工作时扭矩和轴向力通过销轴和垫块传给套筒和铰刀。由于有垫块的控制，使销轴与套筒之间，在工作时仍保持一定的间隙，铰刀就可以对同轴度自动调节。

### 3. 攻丝

用丝锥在孔中切削出内螺纹称为攻丝。

（1）丝锥的构造

丝锥由切削部分、定径部分和柄部组成，如图 1-13 所示。丝锥用高碳钢或合金钢制成，并经淬火硬化。

① 切削部分。丝锥前部的圆锥部分，有锋利的切削刃，起主要切削作用。

② 校正部分。确定螺纹孔直径，修光螺纹，引导丝锥轴向运动和作为丝锥的挤光定径部分。

③ 屑槽。有 3～4 条屑槽容纳、排除切屑和形成刀刃的作用。

④ 柄部。它的形状及作用与铰刀相同。

（2）丝锥的种类

丝锥分为手用普通丝锥、机用丝锥和

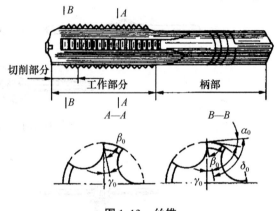

图 1-13　丝锥

管子丝锥三种。手用普通丝锥和机用丝锥有粗牙、细牙之分。管子丝锥又有圆柱管螺纹丝锥、圆锥管螺纹丝锥之分。

① 手用普通丝锥。考虑到丝锥的切削能力，同时，也为了减轻攻丝时的力量，因此把一个螺纹孔的攻丝工作分成两次或三次进行。为此手用丝锥一般由两把或三把组成一套，将整个切削工作量分配给几把丝锥来完成攻丝。通常，M（6～24）mm 的丝锥每组有两把，M24 mm 以上的丝锥每组有三把，细牙螺纹丝锥为两把一组。

在一组丝锥中，每把丝锥的大径、中径、小径都相等，只是切削部分的切削锥角及长度不等。当攻制通孔螺纹时，用头攻丝锥（初锥）一次切削即可加工完毕。遇到盲孔攻丝时，要用二锥、三锥。这种组合的丝锥称为锥形分配。锥形分配组合的丝锥，头攻丝锥显然磨损较大，并且一次攻成，加工表面粗糙度也差。

头攻、二攻丝锥的大径、中径和小径都比三攻丝锥小，头攻、二攻丝锥的中径一样，大径不一样；头攻丝锥大径小，二攻丝锥大径大，这种丝锥组合的切削量分配比较合理。三把一套的丝锥按 6∶3∶1 分担切削量，两把一套的丝锥按 7.5∶2.5 分担切削量。切削省力，各锥磨损量亦均匀，称这种组合的丝锥为柱形分配。一般 M12 mm 以上的丝锥多属于这一种。

② 机用丝锥。使用时装在机器上，靠机动来攻丝。常是一把丝锥，攻丝一次完成。为了装卡方便，这种丝锥有较长的柄，另外，切削部分比手用丝锥长，这种机用丝锥也可用于手工攻丝。

③ 管子丝锥。管子圆柱形丝锥的工作部分比较短，是两把一组；管子圆锥丝锥是单把，但较大尺寸时也有两把一组的。管子丝锥用于管子接头处的切削螺纹。

（3）攻丝扳手（铰杠）

手用丝锥攻螺纹孔时，一定要用扳手夹持丝锥。

扳手分为普通式（如图1-14所示）和丁字式（如图1-15所示）。各类扳手又分固定式和活络式两种。

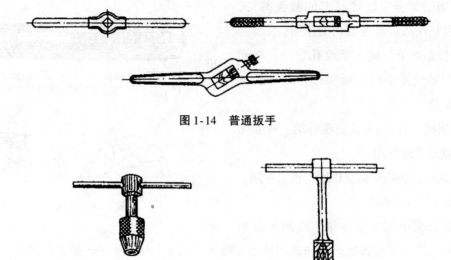

图 1-14　普通扳手

图 1-15　丁字扳手

① 固定式扳手。扳手的两端是手柄，中部方孔适于一种尺寸的丝锥方尾。由于方孔尺寸是固定的，不能适合于多种尺寸的丝锥方尾，它只适宜经常攻一定大小的螺丝。

② 活络式扳手（可调节式扳手）。这种扳手方孔尺寸经调节后，可适合不同尺寸的丝锥方尾，使用很方便。

（4）攻丝步骤及攻丝时的要点

攻丝步骤如图1-16所示。

① 钻底孔。计算确定底孔直径之后，选用合适的钻孔，钻出底孔。

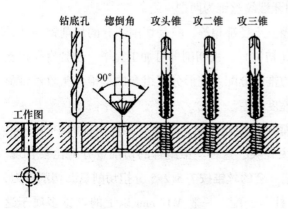

图 1-16　攻丝步骤

② 锪倒角。钻孔的两面孔口用90°锪钻倒角，使倒角的最大直径和螺纹的公称直径相等。这样，丝锥容易起削，最后一道螺纹也不至于在丝锥穿出来的时候崩裂。

③ 在开始攻丝时，要尽量把丝锥放正，然后对丝锥加压力并转动扳手。当切入1～2圈时，再仔细观察和校正丝锥的位置。可用肉眼直接观察或用角尺检查丝锥的两个互相垂直的方向，如图1-17所示。一般在切入3～4圈时，若丝锥的垂直位置准确无误，就不会再有明显偏斜，此时只需转动扳手，而不应再对丝锥加压力或纠正，否则丝锥将被损坏或折断。

攻丝时的要点如下。

为了在攻丝时保持丝锥的正确位置，可在丝锥上旋上同样直径的螺母，如图1-18（a）所示，或将丝锥插入导向套的孔中，如图1-18（b）所示。这样攻丝时，只要把螺母或导向套压紧在工件表面上，就容易引导丝锥按正确的位置切入工件孔中。

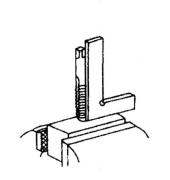 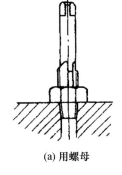 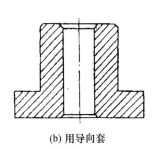

(a) 用螺母　　　　　　　　(b) 用导向套

图1-17　用角尺检查丝锥的垂直度　　　　　图1-18　用工具保证丝锥垂直

① 攻丝的操作。如图1-19所示，攻丝时，每扳转扳手杠1/2～1周，就要倒转1/4周，以割断和排除切屑，防止切屑堵塞屑槽，造成丝锥的损坏和折断。

② 当头攻攻过后，再用二攻、三攻扩大及修光螺纹。二攻、三攻必须先用手旋进头攻已攻过的螺纹中，使其深度达到良好的引导后，再用扳手。按照上述方法，前后旋转，直到攻丝完成为止。

图1-19　攻丝操作过程

③ 深孔、盲孔攻丝时，必须随时旋出丝锥，清除丝锥和底孔内的切屑。存在于盲孔中的切屑，可用带磁性的钢针（钢丝）把铁屑吸出来。盲孔的深度、能容纳丝锥的攻入长度要有标记。应该攻入到什么位置，要做到心中有数。防止丝锥已攻到盲孔尽头还继续攻，不及时退回而造成丝锥折断。

④ 攻丝时要选用正确的冷却润滑液，为了改善螺纹的粗糙度，保持丝锥良好的切削

性能。

（5）丝锥的修磨

当丝锥切削部分磨损时，可以修磨其后刃面。如丝锥切削部分崩了牙或断掉一段时，先把损坏部分磨掉，然后再刃磨切削部分的后刃面。修磨时必须使各刃的半锥角和刀刃的长短一致，如图1-20所示。当丝锥的定径部分磨损时，可修磨其前刃面，如图1-21所示。必须用薄片砂轮，其磨损量较少时，可用油石研磨前刃面。

（6）丝锥折断在孔中的取出方法

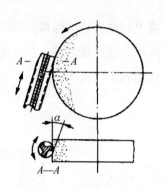

图 1-20　修磨丝锥后刃面

图 1-21　修磨丝锥前刃面

钳工攻丝是一个精神高度集中、小心翼翼的操作工序。尤其是小丝锥攻丝，更要小心谨慎。因为小丝锥强度极差，稍不小心，就会把丝锥折断在孔中，不易取出来，造成工件报废。

丝锥因操作不小心折断在孔中，将断丝锥从孔中取出，一般有以下几种方法。

① 丝锥折断部分露出孔外较多的情况，可用钳子或小活扳子把它拧出来。若露出孔外的丝锥较小，无法用钳子或扳手拧动时，则用冲子反时针方向轻轻地把断丝锥剔出来，如图1-22所示。

② 丝锥折断部分未露出孔外，或露出较少，可用氩弧焊把螺母与断丝锥加以堆焊成一体后取出。若断在孔内的丝锥较短又较大，丝锥的屑槽能容纳钢丝插入，则可采用图1-23所示的方法，将断丝锥通过三段钢丝和两只螺母组合成一体，把断丝锥拔出来；也可用旋取器把断丝锥取出来。

上面所说的办法，并非百分之百能取出断丝锥，实在取不出来的，只能用电火花打碎孔内的断丝锥，再清理底孔。这是比较有效的方法，但它往往受设备及工件太大所限制。若螺孔位置允许改变，则在得到设计者的同意后，放弃断丝锥让它留在孔内，在另外适当位置重新钻孔攻丝。

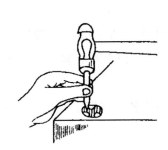

图 1-22 用冲子将断丝锥剔出

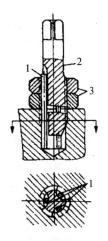

图 1-23 用钢丝插入丝锥屑槽内旋出断丝锥

1—钢丝 2—断丝锥 3—螺母

（7）攻丝注意事项

由于攻丝时稍不小心就容易把丝锥折断，丝锥留在底孔内不易取出造成废品。因此，攻丝操作一定要注意以下几点，以免发生折断丝锥及其他废品事故。

① 攻丝时，思想要集中，准备工作要充分，底孔要计算正确，绝对不宜小，韧性材料要用冷却润滑液。

② 丝锥太钝，应及时修磨和更新。工件材料太硬，则底孔适当放大一些。丝锥大小与铰杠大小要匹配，用大铰杠铰小丝锥会使操作者手感失灵，极易折断丝锥。

③ 及时清除丝锥槽内的切屑，防止切屑在底孔内堵住。

④ 工件要夹正，丝锥切入孔中要垂直，千万别歪斜。盲孔攻丝要注意丝锥攻入深浅位置，做到心中有数，千万别让丝锥的尖端与孔底相顶。

4. 研磨与抛光

（1）研磨

所谓研磨，就是在研磨工具的表面和研磨工件表面中间加上磨料，工件与研磨工具互相进行摩擦，从工件表面上磨去极薄一层金属层的操作。

在模具制造中，研磨主要用于表面粗糙度值要求很低，磨石磨削又难以达到的压铸模和塑料模表面。模具钳工的研磨一般都是手工操作。

① 研磨的目的。

A. 提高精度。在模具制造中，精度要求很高通常都需要研磨。

B. 降低表面粗糙度值。在模具制造中，压铸模和塑料模的型腔或型芯零件表面的粗糙度值，要求都特别低，此时，研磨的主要目的是降低工件表面的粗糙度值。

C. 提高使用寿命。零件表面经过研磨，粗糙度值降低了，从而使零件的抗腐性和耐磨性都有明显的提高，这将会提高零件的使用寿命，降低产品成本。

② 研磨用的工具和材料。研磨常用的工具为研磨平板。研磨平板或其他研具的材料，一般都采用灰铸铁，它具有润滑性能好、磨耗小、研磨效率高等优点。平板不需要刮研，经精磨磨平即可。

研磨常用的磨料有研磨粉和研磨膏。粗磨用的研磨粉粒度采用 F40～F20，用柴油或煤油适量搅拌成糊状。精研用的研磨粉或研磨膏粒度，应采用 F5 或更细。

一般常用的润滑剂有柴油和煤油。

③ 研磨操作方法。在模具制造中，研磨大致可分为两种，根据工件形状的不同，可选用不同的研磨操作方法。

A. 平面研磨。平面研磨是在研磨平板上进行的，如图 1-24 所示。研磨较大平面工件时，如图 1-24（a）、（b）所示，用手把住工件，使其在研磨平板上做往复运动，直接研磨就可以。研磨表面比较窄的板形工件，如图 1-24（c）所示，因 90°角尺研磨表面很窄，要保证 90°角尺工作面研磨的精度，就必须借助靠铁。研磨时将 90°角尺紧紧贴在靠铁上，右手紧紧握住靠铁和 90°角尺，同时在研磨平板上做前后往复运动进行研磨，研磨时要给以适当压力。

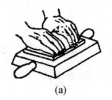 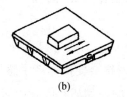 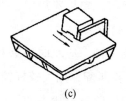

（a）　　　　　　　　　（b）　　　　　　　　　（c）

图 1-24　平面研磨

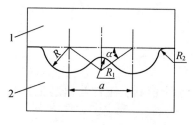

图 1-25　多曲面工件的研磨
1—镶块　2—研磨工具

B. 多曲面形状的研磨。在模具制造中，经常遇到多曲面工件的研磨，如图 1-25 所示。多曲面工件的研磨关键问题是研磨工具的加工。镶块 1 是用线切割电加工，或者按样板精加工完成后，进行研磨的。这样，研磨工具 2 粗加工后，就可以按镶块 1 的形状进行精加工。精加工的方法是在镶块 1 表面上，涂抹一层薄而均匀的红丹粉作为显示剂，用着色法精加工研磨工具，直到形状完全与镶块相吻合为止。

研磨工具的形状与镶块的形状完全相吻合后，就可以进行研磨。

（2）模具抛光

切削加工后在型腔表面会残留有刀具加工痕迹，电加工后则会在型腔表面有变质及电加工痕迹，而磨削也会产生痕迹，因此模具抛光工序是非常必要的。常用抛光有手工抛光和手工工具抛光。

模具抛光的工艺步骤和注意事项如下。

① 在抛光前先了解模具被抛零件的使用材料及其硬度，并仔细观察未抛光面的实际粗糙度，同时还要了解被抛光零件表面要求达到的光亮程度。

② 在抛光前要求模具钳工将各有关抛光面预先整形修刮，达到 $Ra$（3.5～0.16）μm 的表面粗糙度，有尺寸精度要求的抛光面，还需留 0.1～0.5 μm 的抛光余量。

③ 保护措施完成后，将抛光件表面用煤油擦洗干净，先选用 100 号～150 号粒度的油石进行打磨（可采用手工打磨，也可用手持研磨器装上相适应的砂轮片）。

当用手持高速研磨器装上毡轮蘸研磨膏进行抛光时，已经进入高精度研磨阶段，光亮度提高很快。这时抛光进入了关键时刻，稍有失误就可能带来很大麻烦。在用脱脂棉蘸煤油轻轻擦拭时，千万不要来回反复地使用脱脂棉，擦完后一次性更换新棉球。

④ 模具抛光是一件非常精细的工作，一定要严格地控制场地卫生和细致的工艺卫生。尤其到了精抛光阶段，更应如此。

⑤ 操作人员工作时要衣帽整洁，手指甲要修剪干净，以防指甲缝内藏有不同粒度的磨料，污染和混淆抛光现场工艺卫生。

⑥ 抛光用的润滑剂和稀释剂有煤油、汽油、10 号与 20 号的机油、无水乙醇及工业透平油等。润滑、清洗、稀释剂均要加盖保存。使用时，应分别采用玻璃吸管吸点法，像点眼药水一样，点入抛光件上。

⑦ 模具材质选用对抛光质量关系较大。对要求成型透明塑料制品的高光亮度的模具，宜选用 P20 预硬塑料模具钢。

⑧ 用 45、T10、40Cr 钢料只能成型不透明的塑料制品模具。用 CrWMn、5CrMnMo、38CrMoAiA 必须热处理淬火或氮化。

⑨ 在淬火、氮化前，先预抛光到达 $Ra$（0.2～0.1）μm 表面粗糙度，待热处理后，再进行精抛光。

⑩ 使用抛光毡轮、海绵抛光轮、牛皮抛光轮等柔性抛光工具时，一定要经常检查这些柔性物质是否因研磨过量而露出与其粘接的金属铁杆，一旦铁杆外露，高速旋转的抛光轮必然要划伤抛光面，其后果不堪设想。必须要时刻注意，柔性轮不宜使用太久。当柔性部分还有 2～3 mm 时，应及时更换新轮，否则会因小失大，得不偿失，造成前功尽弃。

及时准确地鉴定本道抛光研磨工序可以结束，以及迅速更换更细粒度的研磨剂转入下道工序抛光研磨，这是提高抛光效率的重要手段。因为当一定粒度的研磨剂达到一定粗糙度之后，仍然用该粒度的研磨剂继续研磨抛光，除了浪费宝贵的研磨剂（金刚石研磨剂价格昂贵）外，还浪费工时，做无用功。

5. 锉削

（1）锉刀和锉削的作用

用各种形状的锉刀从工件表面上锉掉多余的余量，保证工件达到图样或工艺规定的尺寸、几何形状和表面粗糙度等技术要求的操作，称为锉削。

用锉刀锉削加工模具是一种手工操作，虽然生产效率较低，但它是模具钳工装配的主要操作方法之一。这是因为在模具制造中，有很多模具无法在机床上加工出成品，按工艺规定留出一定的加工余量，然后由模具钳工锉削精加工来完成。因此，对模具钳工来说，锉削操作技能是极其重要的基本功。

（2）锉削用的工具

锉刀分为钳工锉、异形锉和整形锉三类，模具钳工常用的是钳工锉。钳工锉按锉纹的粗细分为 5 个锉纹号，1 号最粗，5 号最细。

模具钳工常用的钳工锉断面形状，如图 1-26 所示。

(a)平锉　　(b)方锉　　(c)三角锉　　(d)半圆锉　　(e)圆锉

**图 1-26　钳工锉断面形状**

模具钳工常用锉刀的长度分别为 100 mm、150 mm、200 mm、250 mm、300 mm。此外，模具钳工还用一种整形锉，俗称组锉，其形状如图 1-27 所示。

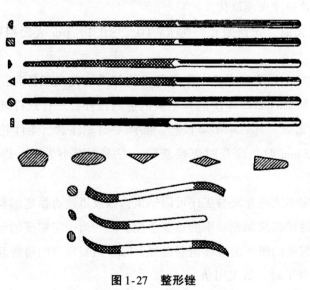

**图 1-27　整形锉**

（3）锉削技能的训练方法和步骤

① 学习和掌握锉刀的握法。由于锉刀的长度不同，所以握法也就不一样，图 1-28（a）所示的是使用 300 mm 以上长度的大锉刀的握法，图 1-28（b）、（c）所示的是使用 200 mm 以下长度的中小锉刀的握法，图 1-28（d）所示的是使用组锉的握法。

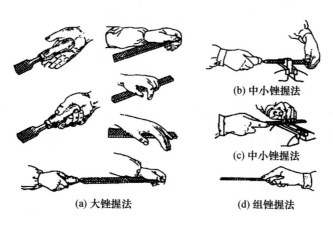

(b) 中小锉握法

(c) 中小锉握法

(a) 大锉握法　　　　　　　　(d) 组锉握法

图 1-28　各种锉刀握法

② 掌握正确的锉削姿势。两脚站的位置，如图 1-29 所示。

左脚站在台虎钳前，右脚站后。身体的重量放在右脚上，后膝要伸直，脚始终站稳不移动，就是模具钳工常说的"前腿弓，后腿绷"。靠左膝屈伸时的往复运动实现锉削，如图 1-30 所示。

锉削刚起步时往前推进，身体向前倾斜 10° 左右，随着锉刀用力往前推进，身体倾斜的角度由 10° 加大到 15°，最高峰时达到 18°，最后终止时又恢复到 15°。锉削时要充分地利用锉刀的全长。

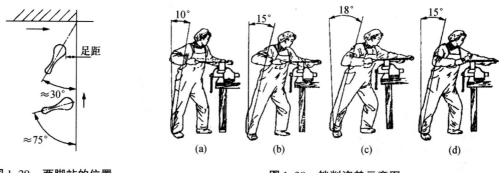

图 1-29　两脚站的位置　　　　图 1-30　锉削姿势示意图

③ 掌握锉削技能的训练方法。锉削技能的训练，必须使用 300 mm 以上的粗、中齿大平板扁锉刀，如图 1-31 所示。

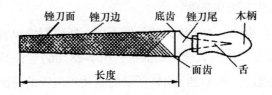

图 1-31　大平板扁锉刀

大平板扁锉刀锉削技能练成后，锯削和磨面磨削操作技能也不必专门进行训练，使用几次也就熟练了。

锉削技能的训练，最终目的就是要达到锉刀往复运动平稳，上下不摆动，而不要求锉削的效率高低。因此，在锉削中不必用力过猛。锉刀往前推时用一点力，往回拉时锉刀稍抬起离开工件的表面。

在锉削前，可在锉刀表面上涂抹一层粉笔屑，锉起来锉刀就不会黏附切屑了。

锉削技能的训练和提高，不是一朝一夕的事，通过锉削配加工的训练，还可以逐步提高锉削技能。总之，锉削技能只有通过艰苦训练，才能逐步提高，除此之外没有什么捷径可走。锉削时，不要用手去摸工件和锉刀表面，锉刀更不要沾水和油。

### 6. 模具钳工配作孔加工

模具零件有许多孔，如螺孔、螺钉过孔、销钉孔、凸模安装孔等，在相关的各零件之间，对孔距要求具有不同程度的一致性。除少量使用坐标镗床、立铣等机床钻孔来保证孔距要求外，其余大都依靠钳工钻孔来保证相关零件孔距的要求。

（1）钳工常用的孔加工方法

① 复钻。通过已钻、铰的孔，对另一零件进行钻孔、铰孔，如图 1-32 所示。

② 同钻铰。将有关零件夹紧成一体后，同时钻孔及铰孔，如图 1-33 所示。

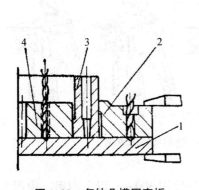

图 1-32　复钻凸模固定板

1—凸模固定板　2—凹模
3—凸凹模　4—拼块

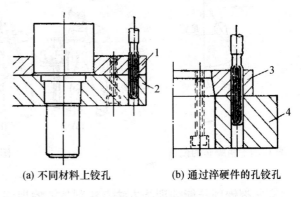

(a) 不同材料上铰孔　　(b) 通过淬硬件的孔铰孔

图 1-33　同铰孔

1—固定板（软钢）　2—上模座（铸铁）
3—凹模（淬硬）　4—下模座（铸铁）

（2）同钻铰孔时应注意事项

① 在不同材料上铰孔［如图 1-33（a）所示］时，应从较硬材料一方铰入。

② 通过淬硬件的孔来铰孔时［如图 1-33（b）所示］，应首先检查淬硬件孔是否因热处理而变形，如有变形现象，应对其进行纠正。待淬硬件的孔用研磨纠正后，方可通过铰孔。

③ 铰不通孔时，应先用标准铰刀铰孔，然后用磨去切削部分的旧铰刀铰孔的底部。

7. 模具手动工具工安全技术

① 工作场地要经常保持整齐清洁，搞好环境卫生，使用的工具和加工的零件、毛坯和原材料等的放置要有顺序，并且整齐稳固，以保证操作中的安全和方便。

② 使用的机床，工具要经常检查（如砂轮机、钻床、手电钻和锉刀等），发现损坏要停止使用，待修好再用。

③ 在钳工工作中，如錾切、锯割、钻孔以及在砂轮上修磨工具等，都会产生很多切屑。清除切屑时要用刷子，不要用手去清除，更不要用嘴吹，避免刀屑飞进眼里造成不必要的伤害。

④ 使用电器设备时，必须严格遵守操作规程，防止触电造成人身事故。如果发现有人触电，不要慌乱，要及时切断电源进行抢救。

⑤ 在进行某些操作时，必须使用防护用具（如防护眼镜、胶皮手套及防护胶鞋等），如发现防护用具失效，应立即修补更换。

### 任务实施

本任务为正六边形凸模、凹模锉配的钳加工，如图 1-4 所示。

（1）正六边形凸模技术要求

锯割 $\phi25 \times 22$ 圆棒料，锉削加工，保证图样要求。

（2）正六边形凹模技术要求

① 锯割板料尺寸为 72 mm × 72 mm × 10 mm；两平面用平面磨床磨削，4 个侧面钳工锉削加工。

② 钳工划线、钻孔、铰孔、攻螺纹、锉配凹模型孔，保证与凸模双面间隙 0.02 mm。

③ 凸模与凹模换向后各边间隙均匀。

1. 加工前的准备

做好加工前的准备工作，审定加工件图纸，准备好加工工具、量具及毛坯料。

2. 加工工艺过程

① 正六边形凸模下圆棒料，锯割 $\phi25 \times 22$ 圆棒料。

② 钳工划线凸模六面。

③ 锉凸模六面。

④ 锯割正六边形凹模板料，4 个侧面钳工锉平，保证尺寸为 72 mm × 72 mm × 10 mm。

⑤ 钳工划线，以 $B$、$C$ 面为基准找 $2 \times \phi 6$、$4 \times M6$ 中心并打样冲孔。

⑥ 钻、铰 $2 \times \phi 6$ 孔至尺寸、攻螺纹 $4 \times M6$。

⑦ 检验各项尺寸精度达标。

**任务考核**

正六边形凸模、凹模锉配的手动工具加工考核评价表如表 1-5 所示。

表 1-5　正六边形凸模、凹模锉配的手动工具加工考核评价表

| 序号 | 实施项目 | 考核要求 | 配分 | 评分标准 | 得分 |
|---|---|---|---|---|---|
| 1 | 加工前的准备 | 凸模、凹模零件图选择合理的加工方法，准备好加工工具、量具 | 10 | 具备机械制图、识图能力 | |
| 2 | 锯割 $\phi 25 \times 22$ 圆棒料 | 下圆棒料 | 5 | 操作熟练 | |
| 3 | 钳工划线 | 划线凸模六面 | 10 | 操作熟练，正确运用工具、量具 | |
| 4 | 锉凸模六面 | 保证尺寸、精度 | 15 | 操作熟练，正确运用工具、量具 | |
| 5 | 锯割板料 | 锯割板料，4 个侧面钳工锉削加工 | 10 | 保证尺寸为 72 mm × 72 mm × 10 mm | |
| 6 | 钳工划线 | 以 $B$、$C$ 面为基准找 $2 \times \phi 6$、$4 \times M6$ 中心并打样冲孔 | 10 | 操作熟练，保证正确位置 | |
| 7 | 钻孔、铰孔、攻螺纹 | 钻、铰 $2 \times \phi 6$ 孔至尺寸、攻螺纹 $4 \times M6$ | 15 | 操作熟练能正确运用操作方法和技巧 | |
| 8 | 检验 | 各项尺寸精度达标 | 10 | 保证图样要求 | |
| 9 | 安全文明生产 | 做到工作地整洁，工件、工具摆放整齐 | 15 | 能正确执行安全技术操作规程 | |

# 任务 3　冲压模架装配的测量

**任务引入**

本任务是完成模架装配中的测量，如图 1-34 所示。通过本任务介绍常用测量量具及

测量方法，了解三坐标测量仪的使用方法，掌握模架装配的测量包括装配成套的模架，上模座上平面对下模座下平面的平行度、导柱的轴线对下模座下平面的垂直度和导套的轴线对上模座上平面的垂直度测量的方法。

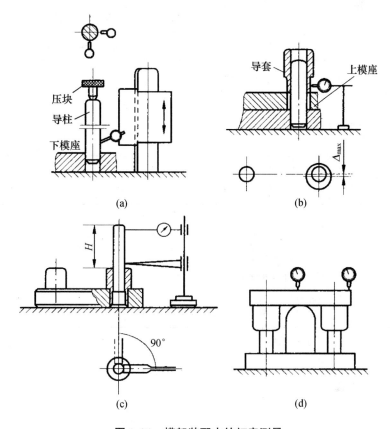

图 1-34　模架装配中的打表测量

## 任务分析

　　由于模具制造中，模具零件品种多、批量少、形状复杂，除尺寸精度要求高以外，形位精度有的要求也很高，因此，模具零件的测量除采用普通的游标卡尺、千分尺等普通测量工具外，还需采用一些其他的测量仪器和方法。

　　装配成套的模架，上模座上平面对下模座下平面的平行度、导柱的轴线对下模座下平面的垂直度和导套的轴线对上模座上平面的垂直度应符合相应的要求，如表 1-6 和表 1-7 所示，这些技术指标在装配过程中要及时进行测量。通过本任务的实施可以更好地掌握修整模具、测量方法。

表1-6　模座上、下平面的平行度公差　　　　　　　　　　单位：mm

| 序号 | 检查项目 | 被测尺寸 | 滚动导向模架 | | 滑动导向模架 | | |
|---|---|---|---|---|---|---|---|
| | | | 精　度　等　级 | | | | |
| | | | 0 级 | 0Ⅰ级 | Ⅰ级 | Ⅱ级 | Ⅲ级 |
| | | | 公　差　等　级 | | | | |
| A | 上模座上平面对下模座下平面的平行度 | ≤400 | 4 | 5 | 6 | 7 | 8 |
| | | >400 | 5 | 6 | 7 | 8 | 9 |
| B | 导柱中心线对下模座下平面的垂直度 | ≤160 | 3 | 4 | 4 | 5 | 6 |
| | | >160 | 4 | 5 | 5 | 6 | 7 |
| C | 导套孔中心线对上模座上平面的垂直度 | ≤160 | 3 | 4 | 4 | 5 | 6 |
| | | >160 | 4 | 5 | 5 | 6 | 7 |

注：1. 基本尺寸是指被测表面的最大长度尺寸或最大宽度尺寸。

　　2. 公差等级按 GB 1184—80《形状和位置公差未注公差的规定》。

　　3. 公差等级 4 级适用于 0Ⅰ，Ⅰ级模架。

　　4. 公差等级 5 级适用于 0Ⅰ，Ⅱ级模架。

表1-7　模架分级技术指标

| 基本尺寸 | 公差等级 | | 基本尺寸 | 公差等级 | |
|---|---|---|---|---|---|
| | 4 | 5 | | 4 | 5 |
| | 公　差　值 | | | 公　差　值 | |
| >40～63 | 0.008 | 0.012 | >250～400 | 0.020 | 0.030 |
| >63～100 | 0.010 | 0.015 | >400～630 | 0.025 | 0.040 |
| >100～160 | 0.012 | 0.020 | >630～1 000 | 0.030 | 0.050 |
| >160～250 | 0.015 | 0.025 | >1 000～1 600 | 0.040 | 0.060 |

注：1. 被测尺寸是指：A——上模座的最大长度尺寸或最大宽度尺寸；B——下模座上平面的导柱高度；C——导套孔延长芯棒的高度。

　　2. 公差等级：按 GB 1184—80《形状和位置公差未注公差的规定》。

 相关知识

## 1. 模具零件的一般测量内容

模具零件的一般测量内容及测量要点如表1-8 所示。

表 1-8  模具零件的一般测量内容及测量要点

| 序号 | 名称 | 内容 | 要点 |
|---|---|---|---|
| 1 | 长度 | 包括长度、厚度、宽度、直径等 | 1. 必须选定与模具工作时有关的基准面，并始终用这同一基准面作为测量基准；<br>2. 模具制造人员必须懂得模具各零件的功能，从而在加工及测量过程中可重点保证其关键部位的技术要求 |
| 2 | 位置 | 即从基准面到测量部位的距离、孔的间距等 | |
| 3 | $R$ | 即拉深凸模、凹模的圆角半径及其他重要角部的圆角半径等 | |
| 4 | 表面粗糙度 | | |
| 5 | 平面轮廓形状 | 指冲裁凸模、凹模的刃口形状等平面轮廓形状 | |
| 6 | 立体形状 | 如拉深模、塑料模等型腔的立体形状 | |
| 7 | 配合及组合 | 模板孔和镶件的配合，导柱和导套的配合等 | |

2. 常用测量量具及测量方法

（1）游标卡尺

游标卡尺常用的式样有两用游标卡尺和双面游标卡尺。

① 两用游标卡尺。两用游标卡尺的结构如图 1-35（a）所示。它由尺身 3 和游标 5 组成，螺钉 4 可旋松或拧紧游标，下量爪 1 用来测量工件的外径和长度，上量爪 2 可以测量孔径和沟槽的宽度，深度尺 6 用来测量孔的深度和台阶高度。

② 双面游标卡尺。双面游标卡尺的结构如图 1-35（b）所示，在游标 3 上增加了微调装置 5。拧紧固定微调的螺钉 4，松开螺钉 2，用手指转动滚花螺母 6，通过小螺钉 7 即可微调游标。上量爪 1 用来测量沟槽宽度或孔距，下量爪 8 用来测量工件的外径和孔径。当用下量爪测量孔径时，游标卡尺的读数值必须加上下量爪的厚度 $b$（一般为 10 mm）。

游标卡尺的读数精度是利用主尺和游标刻线间的距离之差来确定的。0.02 mm（1/50）精度游标卡尺，尺身为每小格 1 mm，游标刻线总长为 49 mm，并等分为 50 格，因此每格为 0.98 mm，则尺身和游标相对一格之差为 1 − 0.98 = 0.02（mm），所以它的测量精度为 0.02 mm。根据这个刻线原理，如图 1-36 所示，如果游标第 11 根刻线与尺身刻线对齐，则小数尺寸的读数为 $ab = ac − bc = 11 − (11 × 0.98) = 0.22$（mm）。（简便看尺方法为：游标显示 0.22 线与尺身上的刻线对齐，即卡尺显示测量值为 0.22 mm）。图 1-37 所示的尺寸为 60.48 mm［简便看尺方法为：游标显示 0 位已过尺身上的线 60 mm，而游标上还显示 0.48 线与尺身上的刻线对齐，即卡尺显示测量值（60 + 0.48）mm］。

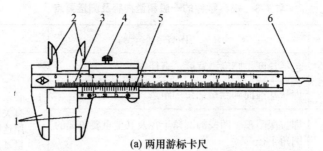

(a) 两用游标卡尺

1—下量爪　2—上量爪　3—尺身　4—螺钉　5—游标　6—深度尺

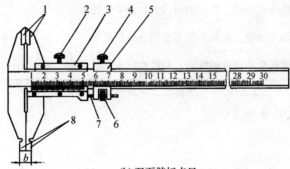

(b) 双面游标卡尺

**图 1-35　游标卡尺**

1—上量爪　2、4、7—螺钉　3—游标　5—微调装置　6—螺母　8—下量爪

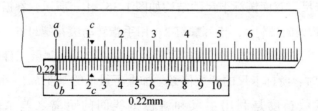

**图 1-36　0.02 mm 精度游标卡尺读数原理**

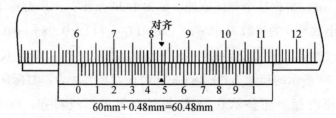

**图 1-37　0.02 mm 精度游标卡尺读数方法**

（2）千分尺

千分尺是生产中最常用的精密量具之一，它的测量精度为0.01 mm。

千分尺的种类很多，按用途分为外径、内径、深度、内测、螺纹和壁厚千分尺等。

由于测微螺杆的长度受到制造上的限制，其移动量通常为25 mm，所以千分尺的测量范围分别为0～25 mm，25～50 mm等，每隔25 mm为一种类规格。

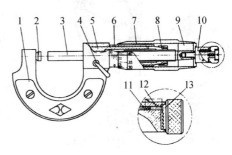

图1-38　外径千分尺结构图

1—尺架　2—砧座　3—测微螺杆　4—锁紧装置
5—螺纹轴套　6—固定套管　7—微分管
8—螺母　9—接头　10—测力装置
11—弹簧　12—棘轮爪　13—棘轮

① 千分尺的结构形状。外径千分尺的外形和结构如图1-38所示，测力装置10是保证测量面与工件接触时具有恒定的测量力，以便测出正确的尺寸。棘轮爪12在弹簧11的作用下与棘轮13啮合。当千分尺的测量面与工件接触，并超过一定压力时，棘轮13沿着棘轮爪的斜面滑动，发出嗒嗒声，这时就可读出工件尺寸。

测量前千分尺必须校正零位。测量时，为防止尺寸变动，可转动锁紧装置4的手柄锁紧测微螺杆。

② 千分尺的刻线原理。千分尺固定套管沿轴向刻度，每格为0.5 mm。测微螺杆的螺距为0.5 mm。当微分筒转1周时，测微螺杆就移动1个螺距0.5 mm。微分筒的圆周斜面上共刻50个格。因此，微分筒转1格（1/50）时，测微螺杆移动0.5 mm/50 = 0.01 mm，即千分尺的测量精度为0.01 mm。

③ 读数方法如下

A. 先读出固定套管上露出刻线的整毫米数和半毫米数。

B. 微分筒上的哪一格与固定套管的基准线对齐，就读出对应的小数部分（0.01 mm乘以转过的格数）。

C. 将上述两部分尺寸相加即为被测工件的尺寸。在图1-39（a）中为12 mm + 0.01 mm × 24 = 12.24 mm，图1-39（b）中为32.5 mm + 0.01 mm × 15 = 32.65 mm。

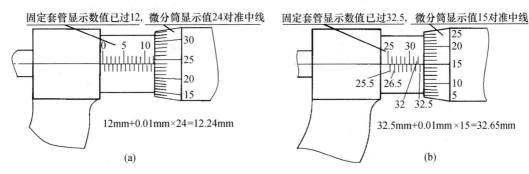

图1-39　千分尺的读数方法

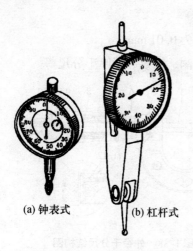

（a）钟表式　　　（b）杠杆式

图1-40　百分表

**（3）内径百分表（或千分表）**

内径百分表有钟表式和杠杆式两种，如图1-40所示。内径百分表测量时将百分表装夹在测架1上，如图1-41（a）所示，触头6通过摆动块7、测杆3，将测量值一比一传递给百分表。固定测量头5可根据孔径大小更换。为了便于测量，测量头旁装有定心器4。测量力由弹簧2产生，测量如图1-41（b）所示。

**（4）万能角度尺**

① 万能角度尺结构原理如图1-42所示。它可以测量0°～320°范围内的任何角度。

② 示值2′的万能角度尺的读数原理。

如图1-43（a）所示，主尺每格为1°，游标上总角度为29°，并分成30格。因此，游标上每格的刻度值为 $\frac{29°}{30} = \frac{60' \times 29}{30} = 58'$，主尺一格和游标的一格之间相差：$1° - 58' = 2'$，即这种万能角度尺的指示值为2′。

万能角度尺的读数方法与游标尺相似，图1-43（b）的读数为10°52′。

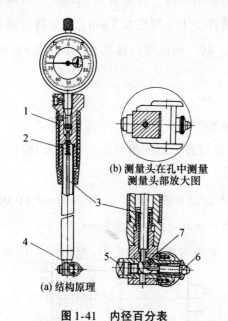

（b）测量头在孔中测量
测量头部放大图

（a）结构原理

图1-41　内径百分表

1—测架　2—弹簧　3—测杆　4—定心器　5—测量头
6—触头　7—摆动块

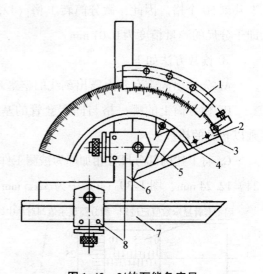

图1-42　2′的万能角度尺

1—游标　2—扇形板　3—基尺　4—制动器
5—底板　6—角尺　7—直尺　8—夹紧块

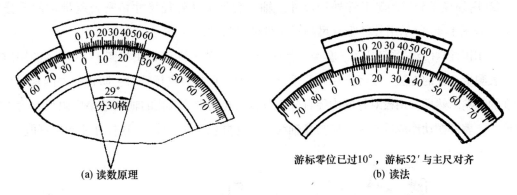

图 1-43　示值 2′万能角度尺的读数原理及读法

（5）投影仪

投影仪主要用于测量形状复杂，难以用微细的机械方法测量且易变形的零件。投影仪是通过透光或反射的方法来测量零件的轮廓，将被测形状在屏幕上显示出来，一般的放大倍数为 10 倍或 20 倍。在模具加工中，常用于测量经磨削加工后的零件形状。

① 观察按倍数准确放大后的图形（在聚酯薄膜上绘出形状）与屏幕上显示的被测形状之间的差异。

② 使屏幕上的基准线与图形的一侧重合后，移动放置被测物的载物台的 $x$、$y$ 方向，与相对的一侧相重合，读取载物台的移动值。

在测量圆的直径时，如图 1-44 所示，使图的右侧与基准线重合，读取此时的数值为 20.13。然后，读取圆的左侧与基准线相重合时的数值为 18.35，则圆的直径为 20.13mm − 18.35mm = 1.78mm。若准备的基准线除直线外还有圆，则可以测量圆的间距和圆弧的位置等。

（6）用以上量具对工件进行测量的方法

① 用游标卡尺测量轴、套类工件的直径尺寸。如图 1-45 所示为用游标卡尺测量轴、套类工件的使用方法。

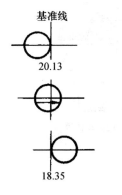

图 1-44　用投影仪测量尺寸

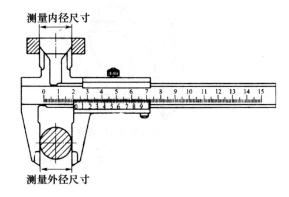

图 1-45　游标卡尺的使用方法图

　　② 用外径千分尺测量工件外径尺寸。轴、套类工件外径尺寸精密公差带常用千分尺测量，如图 1-46 所示用外径千分尺测量工件外径尺寸。

　　③ 用内径百分表测量孔径。套类工件内径尺寸精密公差带常用如图 1-47 所示的用内径百分表测量孔径的方法。要经常用外径千分尺对内径百分表进行校对，防止各种因素对尺寸精度的影响。然后，用校对好的内径百分表进行内孔测量。取孔的轴向最小极限尺寸为表零位尺寸。表杆摆动形成的平面，应与孔轴线平行（并包含孔轴线），这样才能测出真值。

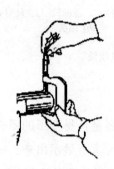

图 1-46　千分尺测量轴外径尺寸

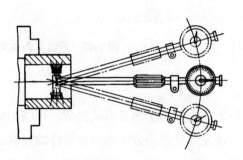

图 1-47　内径百分表的测量方法

　　④ 用万能角度尺测量锥度。用万能角度尺测量工件的方法如图 1-48（a）、（b）、（c）、（d）所示。

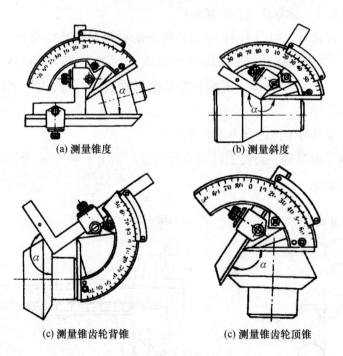

(a) 测量锥度　　　　　　　　　　　(b) 测量斜度

(c) 测量锥齿轮背锥　　　　　　　(c) 测量锥齿轮顶锥

图 1-48　万能角度尺测工件

⑤ 长度测量。用两用游标卡尺的深度尺测量阶台长度，如图 1-49 所示。

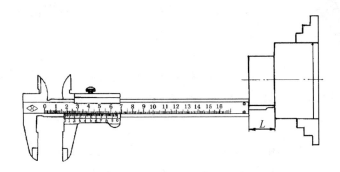

图 1-49　用两用游标卡尺的深度尺测量阶台长度

⑥ 用杠杆百分表（或磁座百分表）测量外径及端面跳动值方法。将杠杆百分表（或磁座百分表）触头与工件被测部位接触，转动工件如图 1-50 所示，显示百分表变化值，用来计算各种形位误差。

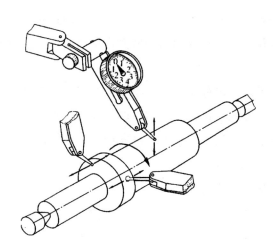

图 1-50　用两顶尖支承检验外径

### 3. 表面粗糙度测量仪

表面粗糙度测量仪是检测表面粗糙度的，通常采用比较法，将被测表面和表面粗糙度样板进行比较，从而判断被测表面的粗糙度是否在规定的范围内。该比较法适用于表面粗糙度较粗的表面。

对于表面粗糙度较细的表面采用针描法，这是一种接触式测量表面粗糙度的方法。利用金刚石触针在被测工件表面上做匀速滑行，由于表面粗糙不平，使触针做垂直于轮廓方向的运动，从而产生电信号，电信号经处理后，可直接在指示表上读出数值，也可将放大

**图 1-51　表面粗糙度测量仪产品图**

的轮廓图像由记录器记录下来。这种方法采用的仪器叫电动轮廓仪。图 1-51 所示为表面粗糙度测量仪产品图。

4. 三坐标测量仪简介

随着模具型面的复杂化及模具精度的不断提高，在模具制造的测量工具中，三坐标测量仪（CMM）已成为一种必不可少的设备。

三坐标测量仪是一种以精密机械为基础，综合应用电子技术、计算机技术、光栅与激光干涉技术等先进技术的检测仪器。将被测物体置于三坐标测量空间，可获得被测物体上各测点的坐标位置，根据这些点的空间坐标值，经计算求出被测物体的几何尺寸、形状和位置。由于计算机的引入，可方便地进行数字运算与程序控制，并具有很高的智能化程度。因此，它不仅可方便地进行空间三维尺寸的测量，还可实现主动测量和自动检测。在模具制造工业中，充分显示了在测量方面的万能性、测量对象的多样性。

三坐标测量仪按其工作方式可分为：点位测量方式和连续扫描测量方式。点位测量方式是由测量仪采集零件表面上一系列有意义的空间点，通过数学处理，求出这些点所组成的特定几何元素的形状和位置；连续扫描测量方式是对曲线、曲面轮廓进行连续测量，多为大中型测量仪。

三坐标测量仪按测量范围可分为大型、中型和小型。按其精度可分为两类：一类是精密型，一般放在有恒温条件的计量室内，用于精密测量，分辨率一般为 $0.5 \sim 2\ \mu m$；另一类为生产型，一般放在生产车间，用于生产过程检测，并可用于最后一道精加工工序的工件检测，分辨率为 $5\ \mu m$ 或 $10\ \mu m$。

（1）三坐标测量仪基本工作原理

三坐标测量仪就是通过探测传感器（探头）与测量空间轴线运动的配合，对被测几何元素进行离散的空间点位置的获取，然后通过一定的数学计算，完成对所测点（点群）的分析拟合，最终还原出被测的几何元素，并在此基础上计算其与理论值（名义值）之间的偏差，从而完成对被测零件的检验工作。

在模具与成形产品中，被测零件除了有常规的几何尺寸测量和形位尺寸测量外，还存在着大量的曲面与曲线的测量，从数字测量技术来看，对曲面与曲线的测量就是对被测对象进行离散化，通过对点云的测量与分析计算来完成相关的测量工作。

（2）三坐标测量仪的构成

三坐标测量仪的规格品种很多，但基本组成主要由测量仪主体、测量系统、控制系统和数据处理系统组成。图 1-52 为三坐标测量仪产品图，图 1-53 为三坐标测量仪结构图。

① 三坐标测量仪的主体。测量仪主体的运动部件包括：沿 $x$ 轴移动的主滑架 5，沿 $y$ 轴移动的副滑架 4，沿 $z$ 轴移动的滑架 3，以及底座，测量工作台 1。

图 1-52　三坐标测量仪产品图

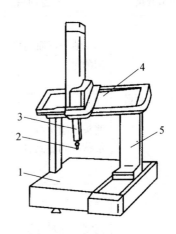

图 1-53　三坐标测量仪结构图

1—工作台　2—测头　3—$z$ 轴滑架　4—副滑架　5—主滑架

② 三坐标测量仪的测量系统。包括测头和标准器，测头按测量方法分接触式和非接触式两类。在接触式测量头中又分为机械式测头和电气式测头。此外，生产型测量仪还可配有专用测头式切削工具，如专用铣削头和气动钻头等。标准器一般为金属光栅。

③ 控制系统和数据处理系统。包括计算机、软件系统。计算机是三坐标测量仪的控制中心，用于控制全部测量操作、数据处理；测量仪提供的应用软件包括：通用程序、公差比较程序、轮廓测量程序，还有自学习零件检测程序的生成程序、统计计算程序、计算机辅助编辑程序等。

（3）三坐标测量仪的应用

① 多种几何量的测量。三坐标测量仪的应用举例如表 1-9 所示。

② 实物程序编制（逆向工程）。主要用于对模具未知曲面扫描测量，可将测得的数据存入计算机，根据模具制造需要，实现对扫描模型进行阴阳模转换，生成需要的 CNC 数据。借助绘图设备和绘图软件得到复杂零件的设计图样，即生成各种 CAD 数据。

③ 轻型加工。生产型三坐标测量仪除用于零件的测量外，还可用于如划线、打冲眼、钻孔、微量铣削及末道工序精加工等轻型加工，在模具制造中可用于模具的安装和装配。

表 1-9　三坐标测量仪的应用举例

| 序号 | 测量分类 | 测量项目 | 测量形状及位置 | 被测件名称 |
|---|---|---|---|---|
| 1 | 直线坐标测量 | 孔中心距测量 |  | 孔系部件 |

续表

| 序号 | 测量分类 | 测量项目 | 测量形状及位置 | 被测件名称 |
|---|---|---|---|---|
| 2 | 平面坐标测量 | 和 $z$ 轴平行面的内外尺寸的测量 | | 数控铣床的部件 |
| | | 测头不能接触的部位表面形状、间隙测量 | | 精密部件 |
| 3 | 高度关系的测量 | 高度方向尺寸测量 | | 用球面立铣刀加工的具有 3 个坐标尺寸的被加工件 |
| | | 与高度相关的平行度测量 | | 数控铣床的部件 |
| 4 | 曲面轮廓测量 | 把高度分成小间隔的一个平面上的轮廓形状测量 | | 电火花机床用电极 |
| 5 | 三坐标测量 | 用球测头接触做不连续点的测量以决定空间形状 | | 电火花机床用电极 |
| 6 | 角度关系的测量 | 安装圆工作台测量与角度相关的尺寸 | | 间隙、凸轮沟槽 |

任务实施

**1. 冲压模架导柱与模座垂直度检测**

在装配冲压模架时，利用压力机将导柱压入下模座过程中，需测量与校正导柱的垂直度。将装有导柱的下模座放在平板上，检测方法如图 1-34（a）所示，千分表在图示两个方向上，按规定的测量线，分别对导柱进行测量，得到两个方向测量读数差，即为图示两个方向的垂直度误差 $\Delta_x$、$\Delta_y$，则导柱的垂直度误差 $\Delta_{\max}$ 为

$$\Delta_{\max} = \sqrt{\Delta_x^2 + \Delta_y^2}$$

**2．冲压模架上模座导套内外圆同轴度测量**

在滑动导柱模架上装配上模座导套时，需保证两导套中心位置度和导套对模板的垂直度。将上模座反置套在导柱上，套上导套，如图 1-34（b）所示。用千分表检测导套压配部分内外圆同轴度，并将其最大偏差放在两导套中心连线的垂直位置上，以减少由于不同轴而引起的中心距变化。

**3．冲压模架上模座导套对上模座的垂直度测量**

导套对上模座的垂直度测量，可将装有导套的上模座反置于测量平板上，导套内插入锥度芯棒，测量芯棒轴线的垂直度，如图 1-34（c）所示。排除 $H$ 范围内芯棒锥度因素影响，可得导套孔的垂直度误差。

**4．冲压模架上模座对下模座平行度检测**

如图 1-34（d）所示，将装配好的被测模架放在精密平板上，将上模、下模对合，中间垫以球面垫块，等高垫块必须控制在模架闭合高度范围内，移动千分表架或推动模架在整个被测面上用千分表测量，取最大与最小读数差，即为模架的平行度误差。

 **任务考核**

模架装配中的测量考核评价表如表 1-10 所示。

表 1-10　模架装配中的测量考核评价表

| 序号 | 实施项目 | 考核要求 | 配分 | 评分标准 | 得分 |
|---|---|---|---|---|---|
| 1 | 检测前的准备 | 选择合理的检测方法，准备好测量工具、量具 | 20 | 具备公差配合与技术测量能力 | |
| 2 | 冲压模架导柱与模座垂直度检测 | 用千分表检测 | 20 | 熟练掌握千分表检测方法 | |
| 3 | 冲压模架上模座导套内外圆同轴度测量 | 用千分表检测 | 20 | 熟练掌握千分表检测方法 | |
| 4 | 冲压模架上模座导套对上模座的垂直度测量 | 用锥度芯棒、千分表检测 | 20 | 熟练掌握锥度芯棒、千分表检测方法 | |
| 5 | 冲压模架上模座对下模座平行度检测 | 用垫块、千分表检测 | 20 | 熟练掌握垫块、千分表检测方法 | |

# 项目思考与练习 1

1. 模具的装配工艺过程包括哪几个阶段？
2. 模具的装配方法主要有几种？常用哪种方法？
3. 三坐标测量仪有几部分组成？各部分组成的作用是什么？
4. 怎样检测冲压模架上模座对下模座的平行度？

# 项目2　冲压模具装配

## 任务1　单工序冲裁模装配

任务引入

本任务是装配如图2-1所示的冲孔模。通过本任务介绍单工序冲裁模的装配工艺与要求以及各类模架的装配、检测方法，要求学生了解冲孔模装配的全过程，掌握单工序冲裁模装配技能。

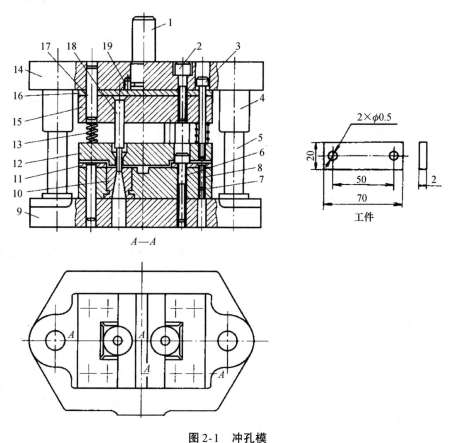

**图2-1　冲孔模**

1—模柄　2、6—螺钉　3—卸料螺钉　4—导套　5—导柱　7、15—固定板　8、17、19—销钉　9—下模座
10—凹模　11—定位板　12—弹压卸料板　13—弹簧　14—上模座　16—垫板　18—凸模

如图 2-1 所示的冲孔模，其冲裁材料为 H62 黄铜板，厚度为 2 mm，该模具的结构特点为：模具为中间式导柱导套，凹模采用镶拼形式，两凸模采用压入法安装在固定板 15 上，再反铆接，卸料板用弹簧弹性卸料。

 **任务分析**

由图 2-1 所示的模具结构可知，该模具具有导向装置，主要由模架，冲孔凸模、凹模，卸料装置等组成。分析模具结构，影响模具装配质量的因素主要有以下几个方面：一是导柱垂直度，二是冲孔凸模与凸模固定板装配基面的垂直度，三是凸模与凹模的间隙均匀性，四是卸料板定位位置的准确性。

冲压模具装配是冲压模具制造中的关键工序。冲压模具装配质量如何，将直接影响到制件的质量、冲压模具的技术状态和使用寿命。

在冲压模具装配过程中，钳工的主要工作是把已加工好的冲压模具零件按照装配图的技术要求装配，修整成一副完整、合格的优质模具。

 **相关知识**

**1．冲压模具装配的技术要求和特点**

在冲压模具制造中，为确保冲压模具必要的装配精度，发挥良好的技术状态和维持应有的使用寿命，除保证冲压模具零件的加工精度外，在装配方面也应达到规定的技术要求。

模具装配的技术要求，包括模具外观、安装尺寸和总体装配精度等。

（1）冲压模具外观和安装尺寸要求

① 冲压模具外露部分锐角应倒钝，安装面应平整光滑，螺钉、销钉头部不能高出安装基面，并无明显毛刺及击伤等痕迹。

② 模具的闭合高度、安装于压力机上的各配合部位尺寸应与所选用的设备规格相符。

③ 装配后的冲压模具应刻有模具编号和产品零件图号；大、中型冲压模具应设有吊孔。

（2）冲压模具总体装配精度要求

① 冲压模具各零件的材料、几何形状、尺寸、精度、表面粗糙度和热处理硬度等，均应符合图样要求，各零件的工作表面不允许有裂纹和机械损伤等缺陷。

② 冲压模具装配后，必须保证模具各零件间的相对位置精度。尤其是制件的某些尺寸与几个冲压模具零件尺寸有关时，应予特别注意，如上模座的上平面与下平面一定要保证相互平行，对于冲压制件料厚在 0.5 mm 以内的冲裁模，在 300 mm 范围内，其平行度允差不大于 0.06 mm；一般冲压模具在 300 mm 范围内，其平行度允差应不大于 0.10～0.14 mm。

③ 模具的活动部位，应保证位置准确、配合间隙适当、动作可靠、运动平稳。

④ 模具的紧固零件应牢固可靠，不得出现松动和脱落。

⑤ 所选用的模架等级应满足制件的技术要求。

⑥ 模具在装配后，上模座沿导柱上下移动时，应平稳、无滞涩现象，导柱与导套的配合应符合规定标准要求，且间隙在全长范围内应不大于 0.05 mm。

⑦ 模柄的圆柱部分应与上模座的上平面垂直，其垂直度允差在全长范围内应不大于 0.05 mm。

⑧ 所有的凸模应垂直于固定板安装基准面。

⑨ 装配后的凸模与凹模的间隙应均匀，并符合图样上的要求。

⑩ 坯料在冲压时定位要准确、可靠、安全。

⑪ 冲压模具的出件与退料应畅通无阻。

⑫ 装配后的冲压模具，应符合图样上除上述要求外的其他技术要求。

（3）试模

模具应在生产条件下进行试模，冲制的工件应符合图样要求。

冲压模具装配的基本要点是配作。由于冲压模具生产是单件生产，而且有些部位的精度要求很高，因此，应广泛采用配作方法来保证其装配要求。若不了解其装配特点，将各冲压模具全部零件分别按图样进行加工，结果往往装配不起来或者达不到装配的技术要求。

近年来，随着生产的发展，用户对易损零件提出了互换性的要求，以便用户在现场对冲压模具损坏的零件进行快速更换。这种对少数零件的个别部位需要确保图样尺寸的要求，虽与一般的配作习惯有所不同，但只要稍加注意并采取一定的措施，还是可以实现的。

2. 冲压模具装配工艺过程

冲压模具的装配就是按照冲压模具设计总装配图，把所有的零件连接起来，使之成为一体，并能达到所规定的技术要求的一种加工工艺。装配方法大致有两种。第一种方法是配作装配法，即配作时测定各零件的位置，并在决定配合零件的位置后进行装配，因此装配后的位置精度在很大程度上依赖于操作者的技能。第二种方法是直接装配法，即所有零件都经过单件加工，其中，也包括安装孔，装配时只要将各零件装在一起即可。

第一种方法是传统的制模方法，这种方法的优点如下。

① 即使没有坐标镗床等高精度机床，也能制造高精度模具。

② 由于装入时相互进行配合，因此可减少综合误差。

③ 在加工零件时，只需对与装配有关的必要部分（如型腔）进行高精度加工。

④ 减少零件加工时的废品。

第一种方法的缺点如下。

① 耗费的装配工时较多。

② 根据装配钳工的技能，装配后的精度不一样。

③ 在维修保养时，精度的重复性差。

④ 难以有效地利用数控机床。

第二种方法的优点和缺点大致与第一种方法的情况相反。从目前所制造的模具种类、质量要求、加工设备和加工技术考虑，一般采用由两种方法相结合的中间方法。但随着模具加工的高精度化、机械化及自动化的推进，今后的制模方法必然要向后一种方法靠拢。

### 3. 冲压模具装配顺序选择的原则

一般来说，在进行冲压模具装配前，应先选择装配基准件。基准件原则上按照冲压模具主要零件加工时的依赖关系来确定，一般可在装配时作为基准件的有导板、固定板、凸模、凹模等。

上述冲压模具装配顺序，就是按照基准件来组装其他零件的，其原则如下。

① 以导板（卸料板）作为基准进行装配时，应通过导板的导向将凸模装入固定板，再装上上模座，然后再装下模的凹模及下模座。

② 对于连续模（级进模），为了便于准确调整步距，在装配时应先将拼块凹模装入下模座，然后再以凹模为定位反装凸模，并将凸模通过凹模定位装入凸模固定板中。

③ 合理控制凸模、凹模的间隙。合理控制凸模、凹模间隙并使间隙在各方向上均匀，这是冲压模具装配的关键。在装配时，如何控制凸模、凹模的间隙，要根据冲压模具的结构特点、间隙值的大小以及装配条件和操作者的技术水平，结合实际经验而定。

④ 进行试冲及调整。冲压模具装配后，一般要进行试冲。在试冲时若发现问题，则要进行必要的调整，直到冲出合格的零件为止。

在一般情况下，当冲压模具零件装入上模、下模时，应先安装基准件。通过基准件再依次安装其他零件。安装完毕经检查无误后，可以先钻、铰销钉孔；拧入螺钉，但不要拧紧，待试模合格后，再将其拧紧，以便于试模时调整。

### 4. 冲压模具装配顺序的选择

冲压模具的主要零部件组装后，可以进行总装配。为了使凸模、凹模间隙装配均匀，必须选择好上模、下模的装配顺序，其选择方法如下。

（1）无导向装置的冲压模具

对于上模、下模之间无导柱、导套作为导向的冲压模具，其装配比较简单。由于这类冲压模具使用时是安装到压力机上以后再进行调整的，因此，上模、下模的装配顺序没有严格要求，一般可分别进行装配即可。

（2）有导向装置的冲压模具

对于有导向装置的冲压模具，其装配方法和顺序如下。

① 装下模。先将凹模放在下模座上，找正位置后再将下模座按凹模孔划线，加工出漏料孔，然后将凹模用螺钉及销钉紧固在下模座上。

② 装配后的凸模与凸模固定板组合，放在下模上，并用垫块垫起，将凸模导入凹模孔内，找正间隙并使其均匀。

③ 将上模座、垫板与凸模固定板组合用夹钳夹紧后取下，钻上模紧固螺钉孔并用螺钉轻轻拧一下，但不要拧紧。

④ 上模装配后，再将其导套轻轻地套入下模的导柱内，查看凸模是否能自如地进入凹模孔，并进行间隙调整，使之均匀。

⑤ 间隙调整合适后，将螺钉拧紧。取下上模后再钻销钉孔，打入销钉及安装其他辅助零件。

（3）有导柱的复合模

对于有导柱的复合模，一般可先安装上模，然后借助上模中的冲孔凸模及落料凹模孔，找出下模的凸模、凹模位置，并按冲孔凹模孔位置在下模座上加工漏料孔（或在零件上单独加工漏料孔），这样可以保证上模中卸料装置能与模柄中心对正，避免漏料孔错位。

（4）有导柱的连续模

对于有导柱的连续模，为了便于准确调整步距，一般先装配下模，再以下模凹模孔为基准将凸模通过刮料板导向，装上模。

各类冲压模具的装配顺序并不是一成不变的，应根据冲压模具结构、操作者的经验和习惯而采取不同的顺序进行调整。

**任务实施**

如图 2-1 所示的冲孔模，其冲裁材料为 H62 黄铜板，厚度为 2 mm。本模具有导向装置的冲裁模装配时要先选择基准件，然后以基准件为基准，再配装其他零件并调整好间隙值。

1. 装配前的准备

装配钳工在接到任务后，必须先仔细阅读图样，了解所冲零件形状、精度要求以及模具的结构特点、动作原理和技术要求，选择合理的装配方法和装配顺序。并且要对照图样检查零件的质量，同时准备好必要的标准零件，如螺钉、销钉及装配用的辅助工具等。

2. 冲孔模装配工艺过程

（1）装配模柄

在手动压力机或液压机上，将模柄 1 压入上模座 14 上，并加工出骑缝销钉孔，将防转销钉 19 装入后，再反过来将模柄端面与上模座的底面在平面磨床上磨平。

　　安装模柄 1 与上模座 14 时，应用 90°角尺检查模柄与上模座上平面的垂直度，若发现偏斜，应予以调整，直到合适后再加工销钉孔，将防转销钉 19 打入骑缝销钉孔。

　　（2）装配导柱与导套

　　在模板上安装导柱与导套，应按照表 2-1～表 2-4 的工艺方法进行装配。并注意安装后导柱与导套配合的间隙要均匀，上模、下模座沿导柱活动时，应无发涩及卡住现象，经检查，所装配的模架应符合技术要求。若采用标准模架，则装配就更加方便，直接到库中领取就可以。

表 2-1　压入式模架装配工艺之一

| 序号 | 工序 | 简图 | 说明 |
|---|---|---|---|
| 1 | 压入导柱 | 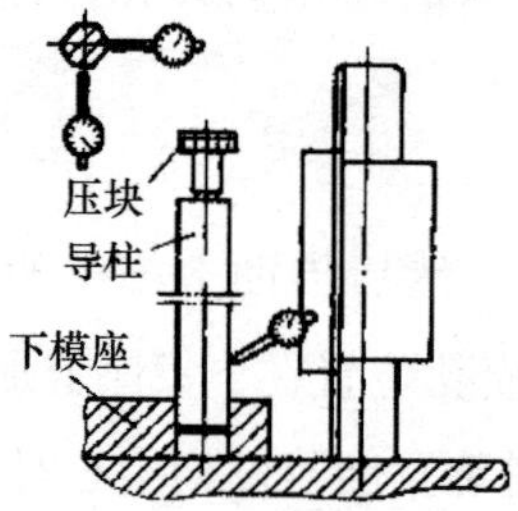 压块 导柱 下模座 | 利用压力机，将导柱压入下模座。压导柱时，将压块顶在导柱中心孔上。在压入过程中，测量与校正导柱的垂直度。将两个导柱全部压入 |
| 2 | 装导套 | 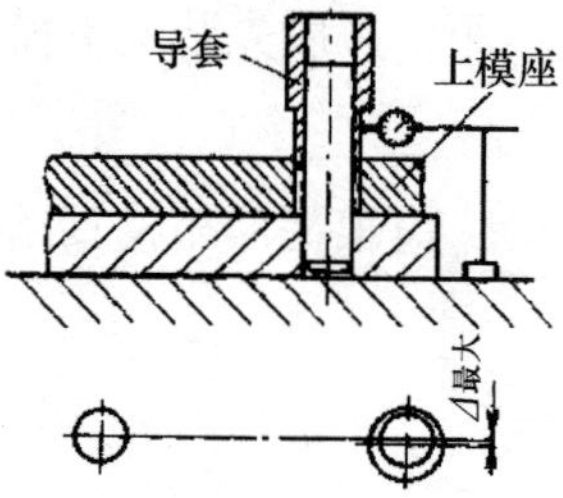 导套 上模座 Δ最大 | 将上模座反置套在导柱上，然后套上导套，用千分表检查导套压配部分内外圆的同轴度，并将其最大偏差 Δ最大 放在两导套中心连线的垂直位置，这样可以减少由于不同轴而引起的中心距变动 |
| 3 | 压入导套 | 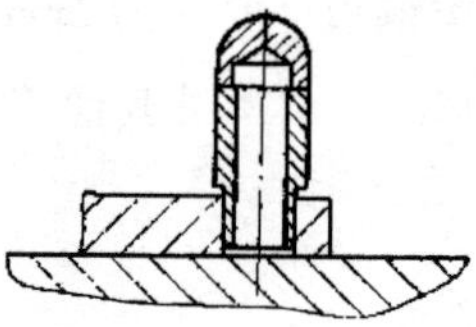 | 将帽形垫块放在导套上，用帽形垫块将导套的一部分压入上模座；取走下模座及导柱，仍用帽形垫将导套全部压入上模座 |
| 4 | 检验 | 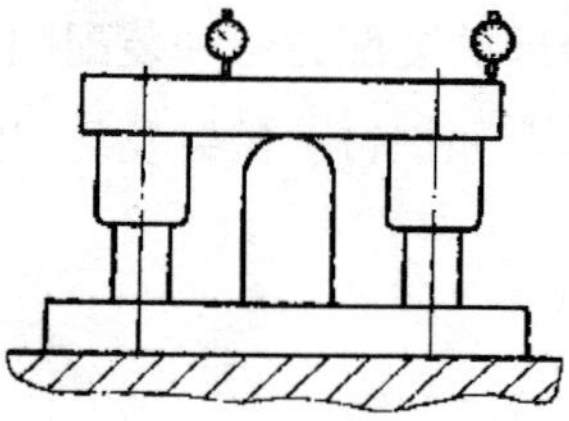 | 将上模、下模座对合，中间垫以垫块，放在平板上测量模架平行度 |

表 2-2　压入式模架装配工艺之二

| 序　号 | 工　序 | 简　图 | 说　明 |
|---|---|---|---|
| 1 | 选用导柱、导套 | | 将导柱、导套进行选择配合 |
| 2 | 压入导套 | 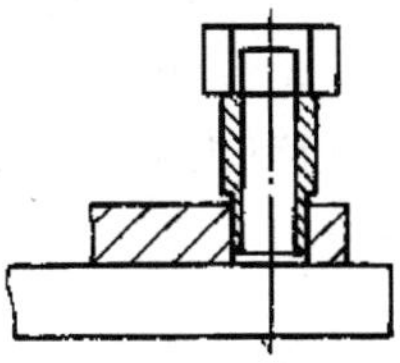 | 将上模座放在专用工具上（此工具的两圆柱与底板垂直，圆柱直径与导柱直径相同）；<br>将两个导套分别套在圆柱上，用两个等高垫圈垫在导套上，在压力机上将导套压入上模座 |
| 3 | 压入导柱 | 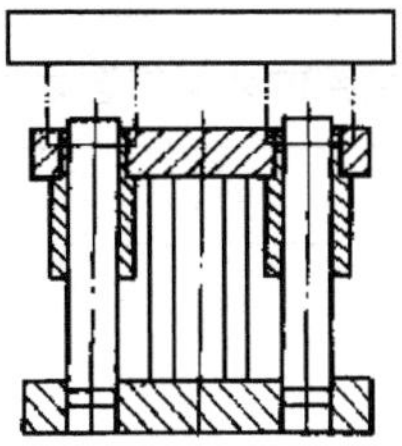 | 在上模、下模座间垫入等高垫块；<br>将导柱插入导套；<br>在压力机上将导柱压入下模座 5～6 mm；<br>将上模座用手提升至不脱离导柱的最高位置，然后再放下，如果上模座与两垫块接触松紧不一，则调整导柱至接触松紧均匀为止；<br>将导柱压入下模座 |
| 4 | 检验 | | 将上模、下模座对合，中间垫以垫块，放在平板上，测量模架平行度 |

表 2-3　导柱可卸的黏接式模架的装配工艺之一

| 序　号 | 工　序 | 简　图 | 说　明 |
|---|---|---|---|
| 1 | 配导柱及衬套 | 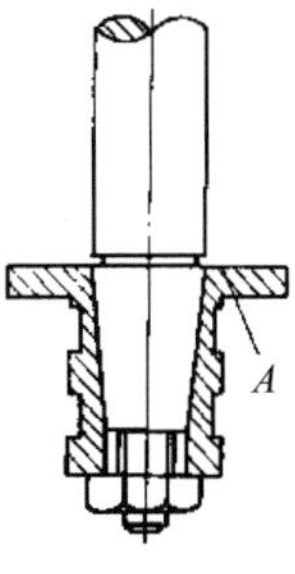 | 将导柱与衬套装配（两者锥度均匀磨好）；<br>以导柱两端中心孔为基准，磨衬套 A 面，以保证 A 面与锥孔中心垂直 |
| 2 | 黏接衬套 | 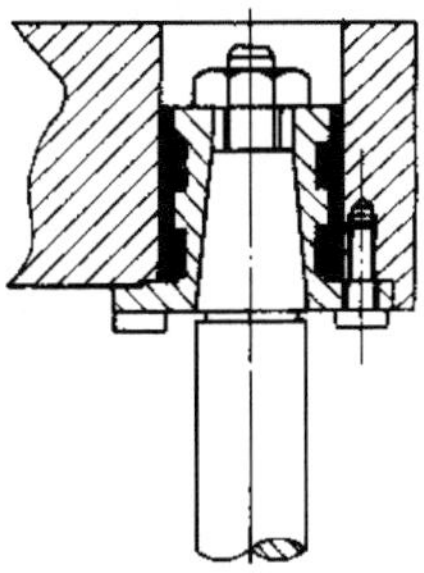 | 将衬套装入下模座，调整好衬套与模座孔的间隙使之大致均匀，然后用螺钉紧固，垫好等高垫块后浇注黏合剂 |

| 序　号 | 工　序 | 简　图 | 说　明 |
|---|---|---|---|
| 3 | 黏接导套 | 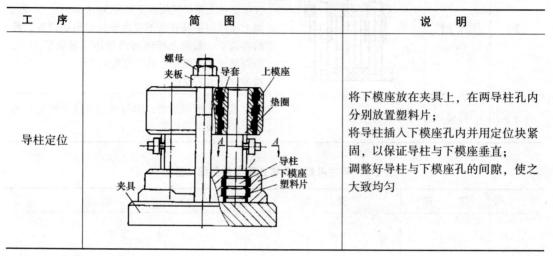 | 将已黏接完成的下模座平放，将导套套入导柱，再套上上模座（上模、下模座间垫等高垫块），调整好导套与上模座孔之间的间隙，并调整好导套下的支承螺钉后浇注黏合剂 |
| 4 | 检验 | | 测量平行度 |

表 2-4　导柱不可卸的黏接式模架的装配工艺之二

| 工　序 | 简　图 | 说　明 |
|---|---|---|
| 导柱定位 | 螺母　夹板　导套　上模座　垫圈　A　A　导柱　下模座　塑料片　夹具 | 将下模座放在夹具上，在两导柱孔内分别放置塑料片；<br>将导柱插入下模座孔内并用定位块紧固，以保证导柱与下模座垂直；<br>调整好导柱与下模座孔的间隙，使之大致均匀 |

（3）装配凸模

采用压入法将凸模 18 安装在固定板 15 上，检查凸模的垂直度。装配后，应将固定板的上平面与凸模安装尾部端面在平面磨床上磨平。

（4）初装卸料板

将卸料板 12 套在已装入固定板 15 上的凸模 18 上。在固定板与卸料板之间垫上垫块，并用夹板将其夹紧，然后按卸料板上的螺钉孔在固定板相应位置上划线，卸开后，钻、铰固定板上的螺钉过孔。

（5）装配凹模

将凹模 10 装入凹模固定板 7 中。紧固后，应将固定板与凹模上平面在平面磨床上一起磨平，使刃口锋利。同时，其底面也应磨平。

（6）装配下模

在凹模 10 与固定板 7 组合上安装定位板 11，并把固定板与凹模的组合安装在下模座 9 上。调整好相对位置后，先在下模座上加工出螺纹、销钉孔，之后拧紧螺钉、打入销钉。

（7）装配上模

将已装入固定板 15 上的凸模 18 插入凹模孔内，注意固定板 15 与凹模 10 之间应垫等高垫块。再把上模座 14 放在固定板 15 上，将上模座与固定板之间的位置调整好后用夹钳夹紧，并在上模座上投影卸料螺孔及螺钉过孔，拆开后钻孔。然后，放入上模垫板 16，拧入螺钉 2，但不要拧紧。

（8）调整间隙

将模具合模并翻转倒置，模柄夹在平口钳上，用手灯照射，从下模座漏料孔中观察凸模、凹模间隙大小，看透光是否均匀。若发现某一方向不均匀，则可用锤子轻轻敲击固定板 15 的侧面，使上模的凸模 18 位置改变，以得到均匀的间隙为准。

（9）紧固上模

间隙调整均匀后，将螺钉拧紧，并钻、铰销钉孔，穿入销钉。

（10）装入卸料板

将卸料板 12 装在已紧固的上模上，并检查是否能灵活地在凸模间上下移动。检查凸模端面是否缩入卸料孔内 0.5 mm 左右，最后安装弹簧 13。

（11）试模与调整

将冲压模具的其他零件安装好后，用与制件厚度相同的纸片作为工件材料，将其放在上模、下模之间，用锤子敲击模柄进行试切，若冲出的纸样试件毛刺较小或均匀，表明装配正确，否则应重新装配及调整。

（12）打刻编号

将装配后的冲压模具打刻编号。

**任务考核**

单工序冲裁模装配考核评价表如表 2-5 所示。

**表 2-5　单工序冲裁模装配考核评价表**

| 序号 | 实施项目 | 考核要求 | 配分 | 评分标准 | 得分 |
|------|----------|----------|------|----------|------|
| 1 | 装配前的准备 | 模具结构图的识图，选择合理的装配方法和装配顺序，准备好必要的标准件，如螺钉、销钉及装配用的辅助工具等 | 10 | 具备模具结构知识及识图能力 | |
| 2 | 装配模柄 | 安装模柄与上模座后，用 90°角尺检查模柄与上模座上平面的垂直度，合格后再加工销钉孔，将销钉打入骑缝销钉孔 | 5 | 模柄与上模座上平面的垂直度在 0.01 mm 之内 | |
| 3 | 装配导柱与导套 | 压入导柱与导套 | 5 | 熟练使用百分表校验垂直度和平行度 | |

续表

| 序号 | 实施项目 | 考核要求 | 配分 | 评分标准 | 得分 |
|---|---|---|---|---|---|
| 4 | 装配凸模 | 将凸模安装在固定板上，装配后，再将固定板的上平面与凸模安装尾部端面在平面磨床上磨平 | 10 | 操作熟练，保证安全，不损伤凸模刃口，熟练使用磨床 | |
| 5 | 初装卸料板 | 使用正确的工艺方法钻、铰固定板上的螺钉过孔 | 10 | 操作熟练，不损伤凸模刃口，且保证卸料板上孔的位置 | |
| 6 | 装配凹模 | 凹模装入凹模固定板中。紧固后，磨平上下表面 | 10 | 熟练操作使用磨床，保证平行度 | |
| 7 | 装配下模 | 安装定位板，再把固定板与凹模的组合安装在下模座上。最后加工出螺纹、销钉孔，拧紧螺钉、打入销钉 | 10 | 熟练操作使用钻床，加工出合格的螺纹孔、销钉孔 | |
| 8 | 装配上模 | 用正确的工艺方法钻、铰各孔，最后不要拧紧螺钉 | 5 | 操作过程熟练，思路清晰，保证安全 | |
| 9 | 调整间隙 | 用透光法或其他方法调整凸模和凹模之间的间隙 | 10 | 以得到均匀的间隙为准 | |
| 10 | 紧固上模 | 调整位置后，拧紧螺钉，并钻、铰销钉孔，打入销钉 | 5 | 调整位置准确 | |
| 11 | 装入卸料板 | 将卸料板装在已固紧的上模上，最后安装弹簧 | 5 | 凸模端面是否缩入卸料孔内0.5 mm左右，卸料板能灵活地在凸模间上下移动 | |
| 12 | 试模与调整 | 用与制件厚度相同的纸片或其他材料作为工件材料，将其放在上模、下模之间，用锤子敲击模柄进行试切 | 10 | 冲出的纸样试件毛刺较小或均匀 | |
| 13 | 打刻编号 | | 5 | | |

# 任务2 复合式冲裁模装配

 任务引入

本任务是装配如图2-2所示的落料冲孔复合模。本任务介绍复合式冲裁模的装配工艺

与技术要求，以及凸模与凸模固定板的联结物理固定和化学固定方法与间隙的控制方法，要求通过本任务的学习，重点掌握如图 2-2 所示的落料冲孔复合模的装配工艺过程及方法。

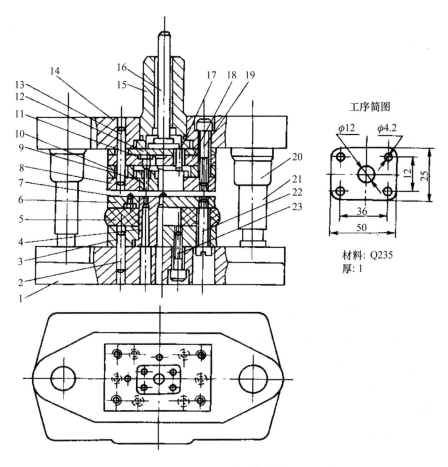

工序简图

材料：Q235
厚：1

**图 2-2　落料冲孔复合模**

1—下模座　2、13—定位销　3—凸凹模固定板　4—凸凹模　5—橡胶　6—卸料板　7—定位销　8—凹模

9—推板　10—空心垫板　11—凸模　12—垫板　14—上模座　15—模柄　16—打料杆

17—顶料销　18—凸模固定板　19、22、23—螺钉　20—导套　21—导柱

**任务分析**

根据任务描述，该模具为倒装复合冲裁模，落料凹模 8 装在上模。条料由两个定位销 7 进行导料和挡料，均为活动式的，与卸料板 6 为 H8/d9 配合。冲裁结束后，在回程过程中，卸料板 6 将箍在凸凹模 4 上的条料卸下。冲孔废料顺着凸凹模 4 的漏料孔排除。由推板 9、顶料销 17、垫板 12 和打料杆 16 组成推件装置，在回程过程中，当打料杆 16 撞到压力机滑块上的打杆横梁时，将撞击力传至推板 9，便可将冲入凹模 8 内的工

件逆向推出。复合冲裁模属于较精密模具，倒装复合冲裁模的凸凹模型孔内积存冲孔废料，对孔壁形成较大的张力，下模座上加工漏料孔，漏料孔尺寸应比凸凹模漏料孔大。凸模与凸模模固定板连接易采用低熔点合金固定法或无机黏合剂固定法。冲孔和落料的冲裁间隙应均匀一致。

　　这就要求了解模具的零件结构，掌握凸模固定方法，掌握凸模、凹模间隙的控制方法等相关工艺基础知识。

 **相关知识**

### 1. 复合模

　　复合模是指在压力机一次行程中，可以在冲裁模的同一个位置上完成冲孔和落料等多个工序。复合模的结构特点主要表现在它必须具有一个外缘可作落料凸模、内孔可作冲孔凹模用的复合式凸凹模，既是落料凸模又是冲孔凹模。复合模的基本结构形式有两种：落料凹模装在下模时称为顺装模复合模；装在上模时称为倒装模复合模。倒装模复合模在结构上比顺装模复合模简单，少一套排除冲孔废料的打料装置，因此，实际中选用倒装模复合模较多。

　　在加工制造复合模时，必须保证所加工的工作零件如凸模、凹模、凸凹模及相关零件的加工精度。装配时，冲孔和落料的冲裁间隙应均匀一致。上下模的配合稍有误差，就会导致整副模具的损坏，所以在加工和装配时不得有丝毫差错。

### 2. 凸模、凹模的固定方法

#### （1）低熔点合金固定法

　　低熔点合金在模具装配中已得到了广泛的应用，主要用于固定凸模、凹模、导柱和导套，浇注导向板及卸料板型孔等，其工艺简单、操作方便，浇注固定后有足够的强度，而且合金还能重复使用，便于调整和维修。被浇注的型孔及零件，加工精度要求较低，尤其在复杂型芯和对孔中心距要求严格的多凸模固定中应用更为广泛。利用这种方法固定凸模，凸模固定板不需加工精度很高的型孔，只要加工出与凸模相似的通孔即可，这不仅大大简化了型孔的加工，而且减轻了模具装配中各凸模、凹模的位置精度与间隙均匀性的调整工作。尤其是对于凸模数量多且形状复杂的冲压模具，其优越性更为显著。

　　利用低熔点合金浇注、固定凸模的几种结构形式如图2-3所示，即在凸模与凹模固定板之间不采用过渡配合，而是将固定板的型孔每边做得比凸模大3～5 mm，凸模按照凹模定位后，在间隙内浇注低熔点合金。低熔点合金浇注、固定凸模的结构形式可在冲压模具制造时根据具体情况参考选用。

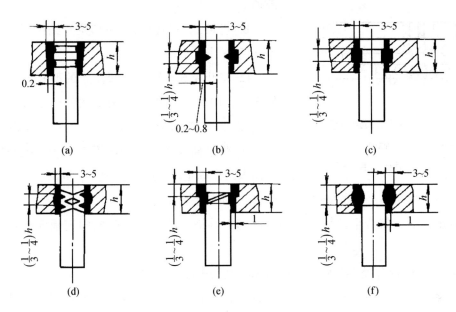

图 2-3 低熔点合金浇注、固定凸模结构的形式

① 低熔点合金的配方。如表 2-6 所示。

表 2-6 低熔点合金的配方

| 序号 | 构成元素 | 名称 | 锑（Sb） | 铅（Pb） | 镉（Cd） | 铋（Bi） | 锡（Sn） |
|---|---|---|---|---|---|---|---|
| | | 熔点/℃ | 630.5 | 327.1 | 320.9 | 271 | 232 |
| | | 密度/(g/cm³) | 6.69 | 11.34 | 8.64 | 9.8 | 7.28 |
| 1 | 成分（质量分数）/% | | 9 | 28.5 | — | 48 | 14.5 |
| 2 | | | 5 | 35 | — | 45 | 15 |

② 合金的配制方法。

A. 将配料分别打碎成 5～25 mm³ 的小碎块。

B. 将金属元素称好，并分开存放。

C. 用坩埚加热，依次按熔点的高低加入锑、铅、镉、铋、锡金属，每加入一种金属，都要用搅拌棒搅拌均匀。待金属全部熔化后，再加入另一种金属。

D. 待所有金属全部熔化后，使之冷却至 300℃ 左右，浇入钢槽内急速冷却成锭。

E. 使用时，按需要量的多少熔化合金。

③ 浇注方法。浇注合金的工艺过程如下（如图 2-4 所示）。

A. 按凸模、凹模间隙要求，在凸模 6 工作部分表面镀铜或均匀涂漆，使之恰好为间

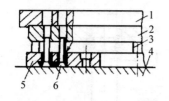

**图 2-4　浇注法固定凸模**

1—凹模固定板　2—凹模　3—等高垫块

4—平台　5—凸模固定板　6—凸模

隙值。

B. 将被浇注凸模的浇注部位及凸模固定板 5 的型孔清洗干净。

C. 将凸模 6 轻轻敲入凹模 2 的型孔内（若间隙较大时，用垫入垫片的方法来调整凸模、凹模之间的间隙），并校正凸模 6 与凹模 2 的基面互相垂直。

D. 将已插入凸模 6 的凹模 2 倒置，把凸模固定端插入凸模固定板 5 的型孔中心，同时，在凹模 2 和凸模固定板 5 之间垫上等高垫块 3，使凸模端面与平台平面贴合。

安装定位后，将合金锭熔化，用金属勺将其浇入凸模 6 与凸模固定板 5 配合的间隙孔内。

E. 浇注后的合金经 24h 后用平面磨床将其磨平即可使用。

④ 特点及应用范围。用低熔点合金法浇注后固定凸模，可解决多孔冲压模具由于调整凸模、凹模间隙造成的困难，从而缩短冲压模具的制造周期，提高冲压模具装配的质量。尤其是对于多凸模且形状比较复杂的凸模安装与固定，其优越性更显著。

（2）无机黏合剂固定法

利用无机黏合剂固定凸模，具有工艺简单、黏接强度高、不变形、耐高温及不导热等优点。但其本身呈脆性，不宜承受较大的冲击负荷，所以只适用于冲力较小的薄板料冲裁模具。

① 无机黏合剂的配方，如表 2-7 所示。

表 2-7　无机黏合剂的配方

| 原料名称 | 配比 | 技术要求 |
|---|---|---|
| 氧化铜 | 4～5 g | 黑色粉末状，粒度 0.045 mm（320 目），二、三级试剂含量不少于 98% |
| 磷酸 | 1 mL | 密度 1.7～1.9 g/cm³，二、三级试剂含量不少于 85% |
| 氢氧化铝 | 0.04～0.08 g | 白色粉末状，二、三级试剂 |

② 无机黏合剂的配制。

A. 将 100 mL 磷酸所需加入的全量氢氧化铝先与 10 mL 磷酸置于烧杯中，并搅拌均匀呈白乳状态。

B. 再倒入 90 mL 磷酸，加热后不断搅拌，待加热至 220～240℃，使之呈淡茶色，冷却后即可使用。

C. 将氧化铜放在干净的铜板上，中间留有一小坑，倒入上述调制好的溶液，并用竹签搅拌均匀，调成糊状，一般以能拉出 20 mm 长丝为宜。

③ 黏接工艺过程。用无机黏合剂黏接固定凸模的工艺过程如图 2-5 所示。

A. 清洗各黏接表面，要彻底清除油污、灰尘、锈斑等。清洗时，可用丙酮、甲苯等化学试剂。

B. 将冲压模具各有关零件按装配要求进行安装定位，如图 2-6 所示。

C. 将调制好的黏合剂涂于各黏接表面，待黏接在一起时可上下移动一下，以排除气体及消除间隙。黏接时，须保证原来已定位的位置，未完全固化前不要随意移动各零件。

D. 黏接后在室内先固化 2h 左右，然后再将其加热 60～80℃，保温 2～3 h 即可使用。

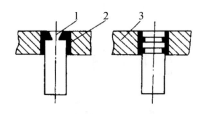

图 2-5　无机黏合剂黏接固定凸模的工艺过程图

1—凸模　2—无机黏合剂　3—凸模固定板

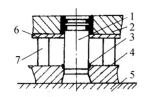

图 2-6　定位方法

1—凸模　2—固定板　3—垫片　4—凹模
5—平台　6—垫板　7—等高垫块

④ 黏接时的注意事项。

A. 在黏接时，为防止黏合剂受潮失效，在使用前应将氧化铜在 200℃ 恒温箱内烘干 30 min。

B. 黏合剂易干燥，故每次不宜配制太多，以免浪费。

（3）环氧树脂黏接固定法

利用环氧树脂黏接固定凸模的方法，基本上与低熔点合金法相似，只是凸模与固定板的浇注间隙要大些，一般单面间隙以 1.5～2.5 mm 为宜。环氧树脂黏合剂的配方见表 2-8。

表 2-8　环氧树脂黏合剂的配方

| 组成成分 | 名　称 | 配方（质量分数）/% | | | | |
| --- | --- | --- | --- | --- | --- | --- |
| | | 1 | 2 | 3 | 4 | 5 |
| 黏合剂 | 环氧树脂 634/610 | 100 | 100 | 100 | 100 | 100 |
| 填充剂 | 铁粉，粒度 0.071～0.050 mm（200～300 目） | 250 | 250 | 250 | — | — |
| | 石英粉，粒度 0.071 mm（200 目） | — | — | — | 250 | 250 |
| 增塑剂 | 邻苯二甲酸二丁酯 | 15～20 | 15～20 | 15～20 | 15～20 | 15～20 |
| 固化剂 | 无水乙二胺 | 8～10 | 16～19 | — | — | — |
| | 二乙烯三胺 | — | — | — | — | — |
| | 间苯二胺 | — | — | 10～16 | — | — |
| | 邻苯二甲酸酐 | — | — | — | 18～35 | — |

在调制黏合剂时，可先将配方中各种成分按计算数量用天平称好，然后把环氧树脂加热至70～80℃。与此同时，将铁粉烘干（200℃左右），加入到已加热的环氧树脂内调匀。调匀后，再加入邻苯二甲酸二丁酯并继续调匀，当温度降到40℃左右时，再加入无水乙二胺并搅拌无气泡后即可使用。

黏接时，应先将凸模和凸模固定板黏接部位表面清洗干净，把凸模插入凹模中，并垫好垫片、找正间隙，再插入凸模固定板相应的型孔中，如图2-7（a）所示，这时可将调配好的环氧树脂黏合剂倒入固定板和凸模的间隙槽内，并使其均匀分布。此时，可将上模合上并将凸模敲到底，如图2-7（b）所示。浇注后，一般在24h后即可使用。

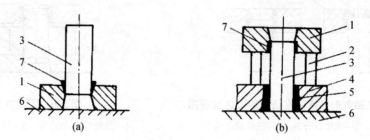

**图2-7　用环氧树脂黏合剂固定凸模**

1—凹模　2—等高垫块　3—凸模　4—固定板　5—环氧树脂　6—平台　7—垫片

用环氧树脂黏接凸模时，应注意以下几点。

① 黏接时，相关零件必须保持正确位置，在黏合剂未固化之前不得移动。

② 黏接表面必须清洗干净，无杂物。

③ 黏接表面要求粗糙，一般 $Ra$ 在50～12.5 $\mu m$ 即可。

④ 填充剂在使用前要干燥，一般可用电炉加热到200℃烘干0.5～1h。

⑤ 环氧树脂与固化剂存放时间不能太久，使用后应将盛器盖拧紧。

⑥ 严格控制固化剂加入时的温度，如用乙二胺固化剂时，温度应控制在300℃左右；用间苯二胺固化剂时，温度控制在65～75℃。

⑦ 要在通风良好的环境下进行操作，对于胺类固化剂，由于毒性较大，在操作时一定要防止毒气损害健康，必要时要戴乳胶手套进行操作，以防止皮肤受树脂或固化剂的腐蚀。

低熔点合金和环氧树脂黏接技术还可用于装配其他零件。如图2-8、图2-9所示，是用低熔点合金固定的镶拼式凹模和导套。图2-10所示是将导套和导柱衬套分别黏接在上、下模座上。此外，环氧树脂可用来浇注卸料板上有导向作用的型孔，如图2-11所示。

为了防止凸模和环氧树脂黏合，可在凸模表面涂一层汽车蜡后，再涂一层极薄的脱模剂。采用环氧树脂浇注卸料板，可使卸料板的精度要求降低，加工容易，生产周期短。

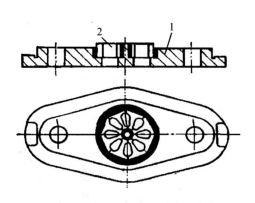

**图2-8　低熔点合金固定的凹模拼块**

1—下模座　2—凹模拼块

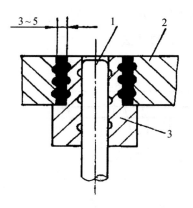

**图2-9　低熔点合金的导套**

1—导柱　2—上模座　3—导套

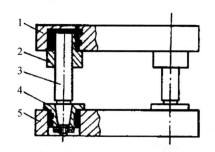

**图2-10　用环氧树脂固定的导柱和导套**

1—上模座　2—导套　3—导柱　4—衬套　5—下模座

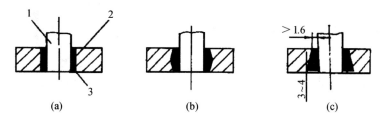

(a)　　　　　　　(b)　　　　　　　(c)

**图2-11　用环氧树脂浇注卸料板的几种结构**

1—凸模　2—卸料板　3—环氧树脂

## 3．间隙的控制方法

冷冲压模具中凸模、凹模的间隙是保证冲出合格制件的关键尺寸，在装配时根据具体模具结构特点，先固定好其中一件（如凸模或凹模）的位置，然后以这件为基准，控制好间隙再固定另一件的位置。控制间隙的常用方法有以下几种。

（1）垫片法

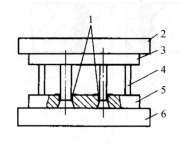

**图 2-12　垫片控制法**

1—垫片　2—上模座　3—凸模固定板
4—等高垫铁　5—凹模　6—下模座

垫片控制法如图 2-12 所示。将厚薄均匀并且其值等于间隙的纸片、金属片或一成形制件，放在凹模刃口四周的位置，然后慢慢合模，将等高垫铁放好，使凸模进入凹模内，观察凸模、凹模的间隙状况。如果间隙不均匀，则可用敲击凸模固定板的方法调整间隙，直至间隙均匀为止。然后拧紧上模固定螺钉，再放纸片试冲，观察试冲情况，如果冲裁毛刺不均匀，则说明凸模、凹模间隙没调均匀，再进行调整直至冲裁毛刺均匀为止。最后，将上模座与固定板夹紧后同钻同铰定位销孔，然后打入销钉定位，这种方法广泛应用于中小冲裁模、拉深模、弯曲模和各种型腔模等。

（2）透光法

透光法是将上模、下模合模后，用手灯从底下照射，然后观察凸模、凹模刃口四周的光隙大小，来判断间隙是否均匀。如果光隙不均匀，则可再调整直至光隙均匀后再固定、定位。这种方法适合于薄料冲裁模。

（3）镀铜法

用镀铜法控制调整凸模、凹模间隙，就是用电镀的方法，按图样要求将凸模镀一层与间隙一样厚度的铜层后，再插入凹模孔内进行装配。装配后，镀层可在冲压时自然脱落。用这种方法得到的间隙比较均匀，但工艺上增加了电镀工序。

（4）标准样件法

对于弯曲、拉深及成型模等的凸模、凹模间隙，可根据零件产品图样预先制作一个标准样件，在调整及安装时，将样件放在凸模、凹模之间即可进行装配。

（5）切纸法

无论采用哪种方法来控制凸模、凹模间隙，装配后都须用一定厚度的纸片来试冲。根据所切纸片的切口状态来检验装配间隙的均匀度，从而确定是否需要调整以及往哪个方向调整。如果切口一致，则说明间隙均匀；如果纸片局部未被切断或毛刺太大，则表明该处间隙较大，需进一步调整。

（6）测量法

采用测量法控制间隙也是比较常用的一种方法，其方法如下。

① 将凹模紧固在下模座上，上模安装后不紧固。

② 使上模、下模合模，并使凸模进入凹模孔内。

③ 用塞尺测量凸模、凹模间隙。

④ 根据测量结果进行调整。

⑤ 调整合适后紧固上模。

利用测量法调整间隙值，工艺繁杂且麻烦，但最后得到的凸模、凹模间隙基本是均匀合适的，对于冲裁材料较厚的大间隔冲压模具调整以及弯曲、拉深模，凸模、凹模间隙的控制，是很适用的一种方法。

（7）利用工艺定位器调整间隙

用工艺定位器调整间隙如图 2-13 所示，工艺定位器的结构如图 2-14 所示。

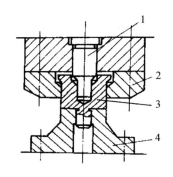

图 2-13　用工艺定位器调整间隙

1—凸模　2—凹模　3—工艺定位器　4—凸凹模

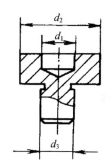

图 2-14　工艺定位器的结构

在图 2-13 中，在装配工艺定位器 3 时，使 $d_1$ 与凸模 1、$d_2$ 与凸凹模 4 都处于滑动配合状态，工艺定位器的 $d_1$、$d_2$、$d_3$ 都是在车床上一次装夹车成，所以同轴度精度较高。在装配时，采用这种工艺定位器装配复合模，对保证上模、下模的同心及凸模与凹模间隙均水匀起到了重要作用。

（8）涂漆法控制间隙

涂漆法控制凸模、凹模间隙，是将磁漆或氨基醇酸绝缘漆涂在凸模上，漆层厚度应等于单面间隙值。不同的间隙值，可用不同黏度的漆或涂不同的次数来达到。涂漆的方法为：将凸模浸入盛漆的容器内 15 mm 左右的深度，使刃口向下，如图 2-15 所示。

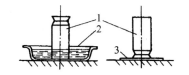

图 2-15　涂漆法

1—凸模　2—盛漆容器　3—垫板

取出凸模，端面用吸水纸擦一下，然后使刃口向上，让漆慢慢倒流，自然形成一定锥度以便于装配，随后放在恒温箱内，在 100～120℃温度内保温 0.5～1 h，冷却后即可装配。

凸模装配后的漆层可不用去除，在使用时会自己脱落，并不影响使用。

（9）工艺留量法调整间隙

采用工艺留量法是将冲裁模装配间隙值以工艺余量留在凸模或凹模上，通过工艺留量保证间隙均匀。具体做法是在装配前不将凸模（或凹模）刃口尺寸加工到所需尺寸，而留出工艺留量，使凸模与凹模处于 $\dfrac{H7}{h6}$ 配合。待装配后取下凸模（或凹模），去除工艺留量，以得到应有的间隙。去除工艺留量的方法，可采用机械加工或酸腐蚀法。

（10）酸腐蚀法

在加工凸模、凹模时，可将凸模与凹模型孔尺寸做得相近，装配后，为得到所需间隙再将凸模用酸腐蚀。酸液的配制方法如下。

第一种配方：硝酸 20% + 醋酸 30% + 水 50%（均为体积分数）。

第二种配方：蒸馏水 55% + 过氧化氢 23%～24% + 草酸 20% + 硫酸 1%～2%（均为体积分数）。

腐蚀的时间根据间隙大小而定。在腐蚀时，应根据留量的大小控制好腐蚀时间长短，腐蚀后一定要用水清洗干净。

### 任务实施

用直接装配法按图样要求，进行组件装配，再安装凸凹模。如图 2-2 所示的落料冲孔复合模，其冲裁材料为 Q235 板材，厚度为 1 mm，其装配工艺过程如下。

**1. 装配前的准备**

内容同本项目中的任务 1，此处略。

**2. 组件装配**

组件装配包括模架的组装、模柄的装入、凸模及凸凹模在固定板上的装入等。

① 将压入式模柄 15 装配于上模座 14 内，再钻、铰骑缝销钉孔，压入销钉，并磨平端面。

② 将凸模 11 装入凸模固定板 18 内，保证凸模与凸模固定板的垂直，并磨平凸模底面，成为凸模组件。

③ 将凸凹模 4 装入凸凹模固定板 3 内，成为凸凹模组件。

④ 将导柱 21、导套压 20 入上模座 14 和下模座 1，成为模架。导柱、导套之间，滑动要平稳，无阻滞现象，并且保证上模座、下模座之间的平行度要求。

**3. 确定装配基准件**

① 落料冲孔复合模应以凸凹模为基准件，首先确定凸凹模在模架中的位置。安装凸

凹模组件，加工下模座漏料孔确定凸凹模组件在下模座上的位置，然后用平行夹板将凸凹模组件和下模座夹紧；在下模座上画出漏料孔线。

② 加工漏料孔。下模座漏料孔尺寸应比凸凹模漏料孔尺寸单边大 $0.5\sim1$ mm。

③ 安装凸凹模组件。将凸凹模组件在下模座重新找正定位，并用平行夹板夹紧。钻铰销孔、螺孔，安装定位销 2 和螺钉 23。

4. 装配上模部分

① 检查上模各个零件尺寸是否能满足装配技术条件要求。如推板 9 顶出端面应突出落料凹模端面等。打料系统各零件尺寸是否合适，动作是否灵活等。

② 安装上模，调整冲裁间隙。将上模系统各零件分别装于上模座 14 和模柄 15 孔内，用平行夹板将落料凹模 8、空心垫板 10；凸模组件、垫板 12 和上模座 14 轻轻夹紧，然后调整凸模组件和凸凹模 4 及冲孔凹模的冲裁间隙，以及调整落料凹模 8 和凸凹模 4 及落料凸模的冲裁间隙。可采用垫片法调整冲裁间隙，并用纸片进行试冲、调整，直至各冲裁间隙均匀，再用平行夹板将上模各板夹紧。

③ 钻铰上模销孔和螺孔。上模部分用平行夹板夹紧，在钻床上以凹模 8 上的销孔和螺钉孔作为引钻孔，钻铰销孔和螺钉孔，然后安装定位销 13 和螺钉 19。

5. 安装弹压卸料部分

① 安装弹压卸料板。将弹压卸料板套在凸模、凹模上，弹压卸料板 6 和凸凹模 4 组件端面垫上平行垫铁，保证弹压卸料板端面与凸模、凹模上平面的装配位置尺寸，用平行夹板将弹压卸料板和下模夹紧，然后在钻床上同钻卸料孔，最后将下模各板上的卸料螺钉孔加工到规定尺寸。

② 安装卸料橡胶和定位销。在凸凹模组件上和弹压卸料板上分别安装卸料橡胶 5 和定位销 7，拧紧卸料螺钉 22。

6. 检验

按冲压模具技术条件进行装配检查。

7. 试冲

按生产条件试冲，合格后入库。

任务考核

复合式冲裁模装配考核评价表如表 2-9 所示。

表 2-9　复合式冲裁模装配考核评价表

| 序号 | 实施项目 | 考核要求 | 配分 | 评分标准 | 得分 |
|---|---|---|---|---|---|
| 1 | 装配前的准备 | 模具结构图的识图，选择合理的装配方法和装配顺序，准备好必要的标准件，如螺钉、销钉及装配用的辅助工具等 | 20 | 具备模具结构知识及识图能力 | |
| 2 | 组件装配 | 安装模柄与上模座，压入导柱与导套，将模柄与上模座、凸固定板的上平面与凸模安装尾部端面在平面磨床上磨平 | 15 | 装配步骤正确；熟练操作使用磨床，保证安全；模柄与上模座上平面的垂直度在 0.01 mm 之内 | |
| 3 | 确定装配基准件 | 安装凸凹模组件，并确定为装配基准，加工下模座漏料孔，下模座漏料孔尺寸应比凸凹模漏料孔尺寸单边大 0.5～1 mm | 15 | 凸凹模组件在下模座重定位正确 | |
| 4 | 装配上模部分 | 上模各个零件尺寸满足装配技术条件要求；冲裁间隙均匀合适，最后加工出螺纹、销钉孔，拧紧螺钉、打入销钉 | 20 | 冲裁间隙均匀合适 | |
| 5 | 安装弹压卸料部分 | 钻卸料孔，固定弹压卸料板；安装卸料橡胶和定位销 | 20 | 操作熟练，保证卸料板上孔的位置 | |
| 6 | 检验、试冲 | 用与制件厚度相同的纸片或其他材料作为工件材料，将其放在上模、下模之间，用锤子敲击模柄进行试切 | 10 | 冲出的纸样试件毛刺较小或均匀 | |

# 任务 3　弯曲模装配

 任务引入

　　本任务是装配如图 2-16 所示的弯曲模。通过本任务介绍弯曲模的装配工艺与技术要求，以及凸模（凹模）在固定板上的装配，要求通过本任务的学习，重点掌握弯曲模的装配工艺过程及方法。

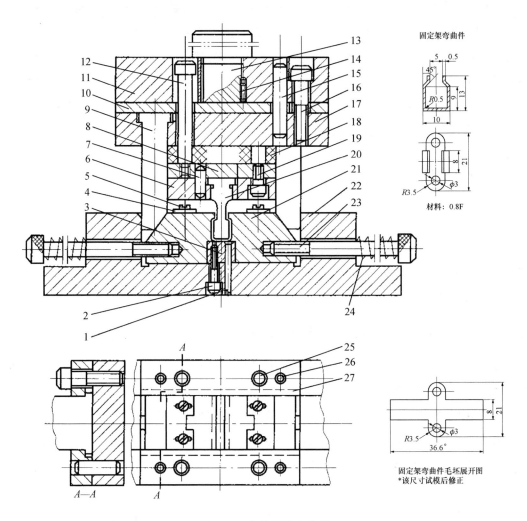

固定架弯曲件

材料: 0.8F

固定架弯曲件毛坯展开图
*该尺寸试模后修正

**图 2-16　收敛形件弯曲模**

1、7、15、26—圆柱销　2、16、19、25—内六角螺钉　3—凹模垫块　4—定位板　5—圆柱头螺

8、10—垫板　9—斜楔　11—上模座　12—弹顶螺钉　13—旋入式模柄　14—防转螺钉　17—顶块固定板

18—橡皮　20—凸模　21—活动凹模　22—下模座　23—滚花螺钉　24—弹簧　27—活动凹模盖板

**任务分析**

根据任务描述,该模具为单工序弯曲模。其工作过程如下。

弯曲毛坯放入定位板 4 中,模具下行时先由凸模 20 与活动凹模 21 作用,将工件弯曲成"U"形直至凸模 20 与凹模垫块 3 刚性接触;模具继续下行,凸模 20 不再往下运动,而上模内的橡皮 18 开始被压缩,装在上模的左右两块斜楔 9 开始与活动凹模 21 的斜面相接触,并推动两个活动凹模同时向凸模方向移动,直至左右活动凹模 21 与凸模 20 到达闭合状态,刚好将工件最后弯曲成"收敛形"。在模具的整个工作过程中,活动凹模 21 在下模座 22 的滑槽中滑动，复位则依靠安装在下模座上的滚花螺钉 23 和弹簧 24 来完成。

　　一般弯曲模没有固定的结构形式，结构设计也没有冲裁模那样的典型组合可供参考。一个简单的四角形弯曲件，采取一次弯成或多次弯成，模具可能设计得很简单，也可能设计得十分复杂。这就要求了解弯曲模的结构，依据弯曲件的材料性能、尺寸精度及生产批量要求，选择合理的工序方案，来确定弯曲模结构形式。掌握弯曲模凸模、斜楔装入固定板的固定方法等相关工艺基础知识。

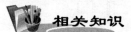 **相关知识**

**1. 凸模（凹模）在固定板上的装配安装技术要求**

　　凸模（凹模）在固定板上安装，是冲压模具装配中比较关键的工序之一。凸模（凹模）在固定板上的安装质量，直接影响到冲压模具的精度和使用寿命。

　　将凸模（凹模）固定在固定板上以后，应满足下述技术要求。

　　① 凸模（凹模）安装在固定板上以后，应与固定板型孔装配成 $\dfrac{H7}{m6}$ 配合形式。

　　② 凸模（凹模）在固定板上固定后，其凸模（凹模）的中心轴线必须与固定板的安装基面垂直，不可歪斜。

　　③ 凸模（凹模）的安装端面应与固定板的支承面在一个平面上。

　　如图 2-17 所示，其中，图（a）所示为安装后的凸模，应用平面磨床将凸模 2 的安装端面与固定板 1 一起磨平，即将凸出部位 $a$ 磨平。图（b）中的凸模 2 端面，应用垫板 3 将其与固定板 1 垫平。图（c）中，在装配时，凸模 2 的安装端面 $A$ 应紧贴在垫板 3 上，绝不能留有缝隙，$B$ 面也应紧贴在固定板安装孔端面上。图（d）所示的凸凹模 2 固定在下模固定板上，固定后端面 $A$ 应紧贴在垫板 3 上，端面 $B$ 也不应与固定板 1 的孔槽底面之间有间隙存在。

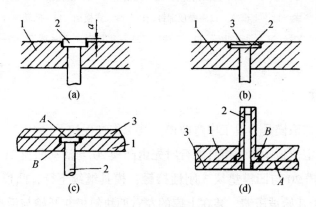

**图 2-17　凸模的固定**

1—固定板　2—凸模（凸凹模）　3—垫板

④ 凸模（凹模）装配在固定板上后，其安装面一定要和固定板的支承面一起在平面磨床上磨平。

2. 凸模（凹模）的固定方法——压入固定法

采用压入法固定凸模，是在冲压模具制造中应用最普遍的一种凸模固定方法，常用于冲压材料厚度为 6 mm 以下的冲压件冲压模具，其凸模结构形式如图 2-18 所示。凸模与固定板的配合采用 $\frac{H7}{n6}$ 或 $\frac{H7}{m6}$，配合面表面粗糙度应符合图样要求。固定板型孔应与端面垂直，不允许有锥度或成鞍形，以保证组装后凸模与端面垂直。

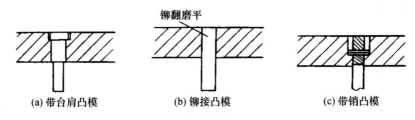

(a) 带台肩凸模　　　　(b) 铆接凸模　　　　(c) 带销凸模

图 2-18　压入凸模的结构

采用这种方法，凸模的压入端应设引导部分。为便于压入，对有台肩的圆凸模，其凸模固定部分压入端应采用小圆角、小锥度或在 3 mm 长度范围内将直径磨小 0.03～0.05 mm 作为引导。无台肩的引导形凸模的压入端（非刃口端）四周应修磨出斜角或小圆角；当凸模不允许设引导部分时，应在固定板型孔的压入处修出斜度小于 10′、高度小于 5 mm 的引导部分或倒成圆角，以便于凸模的压入。

压入固定法固定凸模的操作步骤如下（如图 2-19 所示）。

① 将等高垫块 1 放在平台 2 上并摆正。

② 将凸模固定板 3 放在等高垫块 1 上，使台阶安装孔朝上。

③ 将凸模 4 放在孔内，使刃口工作部分朝下，并用压力机将其压入固定板孔内。

④ 当凸模与固定板型孔装合部分压入 1/3 时，利用 90° 角尺进行垂直度检查，如图 2-20 所示，校正垂直度后，将凸模全部压入。

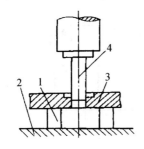

图 2-19　凸模压入固定法

1—等高垫块　2—平台　3—固定板　4—凸模

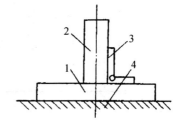

图 2-20　压入时检查垂直度

1—固定板　2—凸模　3—90°角尺　4—平台

任务实施

制件在弯曲过程中，由于材料回弹的影响，使弯曲制件在模具中弯曲的形状与取出后的形状不一致，从而影响制件的形状及尺寸要求，又因回弹的影响因素较多，很难用设计计算的方法进行消除，因此，在模具制造时，常用试模时的回弹值修正凸模（或凹模）。为了便于修整凸模和凹模，在试模合格后，才对凸模、凹模进行热处理。另外，制件的毛坯尺寸也要经过试验后才能确定。图 2-16 所示的收敛形弯曲模，应选择凸模 20 作为模具装配的基准件，先安装凸模部分，再安装活动凹模部分，其装配工艺过程如下。

**1. 装配前的准备**

内容同本项目中任务 1，此处略。

**2. 组件装配**

组件装配包括模柄的组装、斜楔组件的组装、凸模组件的组装、上模、下模部分的组装、活动凹模盖板的组装等。

（1）组装模柄 13 组件

① 模柄 13 装入上模座 11，检查模柄 13 的外圆柱面对上模座上端面的垂直度，其误差不大于 0.05 mm。

② 旋紧模柄，在平面磨床上磨平端面。

③ 钻防转螺钉 14 的螺纹底孔，攻螺纹孔，旋入防转螺钉 14。

（2）组装斜楔 9 组件

斜楔 9 与顶块固定板 17 的固定孔是过渡配合，因此斜楔采用压入法装入固定板的固定孔中，装入时应不断校验斜楔侧面对固定板下端面的垂直度，其误差不超过 0.05 mm。合格后在平面磨床上磨平斜楔与固定板的端面，如图 2-21 所示。

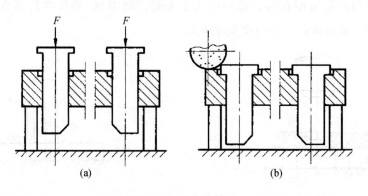

(a)　　　　　　　　　　(b)

图 2-21　斜楔的装配

（3）组装凸模组件

用压入法将凸模 20 装入凸模固定板 6 的紧固孔中，不断校验，确保垂直度，装好后在平面磨床上磨平。

## 3. 组装上模部分

① 在等高垫铁上按中心线调整好上模座 11、顶块固定板 17 之间的位置，用平行夹头夹紧，按划线位置配钻、铰销钉孔。引钻上模座上螺钉孔，分开后再加工上模座上的紧固螺钉过孔及沉头孔。

② 用内六角螺钉 19 将凸模固定板 6 与凸模垫板 8 连接起来，但不能拧得过紧。用块规垫入凸模垫板 8 与顶块固定板 17 之间，将凸模组件套入斜楔 9 上，研修调整至运动灵活后，拧紧内六角螺钉 19。配钻、铰销钉孔，并压入圆柱销 7。

③ 用螺钉中心冲在顶块固定板 17 上压印 4 个弹顶螺钉的孔位，配钻、铰上模座 11 与顶块固定板 17 上的销钉孔。再装入垫板 10，压入圆柱销 15、拧紧内六角螺钉 16 并以此为装配基准。

④ 装入上模部分的其他零件。

## 4. 组装活动凹模盖板

按划线使活动凹模盖板 27 大致定位、用平行夹头夹紧。引钻活动凹模盖板上的螺钉过孔，分开后扩过孔至尺寸。装入活动凹模，拧上内六角螺钉 25，但不能拧得过紧，调整至活动凹模运动灵活后再拧紧内六角螺钉 25。配钻、铰圆柱销 26 的孔。

## 5. 组装下模部分

① 调整凸模与活动凹模间的间隙。用垫片法，修研凹模垫板相关尺寸，将间隙调至要求的尺寸，拧紧内六角螺钉 2。

② 再分开活动凹模 21 及其盖板 27 后，配钻、铰销钉 1 的孔，装入销钉 1。

③ 使两个活动凹模与凸模处于闭合状态，再用红丹粉检验，并修配至斜楔 9 的斜楔面、两个外侧直面分别与活动凹模 21 的斜面、下模座的两个内侧面之间贴合。

④ 装入下模部分的其他零件。

## 6. 检验、试冲

装好后再次用纸板试冲以确保凸模与活动凹模间隙的均匀性，然后上毛坯料压制，修整回弹，再次调整。试模合格后，淬硬活动凹模盖板 27。

**任务考核**

弯曲模装配考核评价表如表 2-10 所示。

表 2-10　弯曲模装配考核评价表

| 序号 | 实施项目 | 考核要求 | 配分 | 评分标准 | 得分 |
|---|---|---|---|---|---|
| 1 | 装配前的准备 | 选择合理的装配方法和装配顺序；复检主要工作零件和其他零件的尺寸；准备好必要的标准件，如螺钉、销钉及装配用的辅助工具等 | 15 | 具备模具结构知识及识图能力 | |
| 2 | 组件装配 | 模柄的外圆柱面对上模座上端面的垂直度，其误差不大于 0.05 mm；斜楔侧面对固定板下端面的垂直度，其误差不超过 0.05 mm；凸模 20 装入固定板 6 的紧固孔中，不断校验，确保垂直度；各件装配后与底面在平面磨床上磨平 | 20 | 装配步骤正确；熟练操作使用磨床，保证安全；垂直度在要求范围之内 | |
| 3 | 组装上模部分 | 调整好上模座 11、顶块固定板 17 之间的位置；调整好凸模固定板 6 与凸模垫板 8；装入垫板 10；配钻、铰销钉孔，并压入圆柱销；装入上模部分的其他零件 | 20 | 操作熟练，保证各板上孔的位置 | |
| 4 | 组装活动凹模盖板 | 凹模运动灵活 | 10 | 操作熟练 | |
| 5 | 装配下模部分 | 下模各个零件尺寸满足装配技术条件要求；冲裁间隙均匀合适，最后加工、销钉孔，打入销钉；使斜楔 9 的斜楔面、两个外侧直面分别与活动凹模 21 的斜面、下模座的两个内侧面之间贴合 | 20 | 装配步骤正确；操作熟练 | |
| 6 | 检验、试冲 | 装好后再次用纸板试冲以确保凸模与活动凹模间隙的均匀性；试模合格后，淬硬活动凹模盖板 27 | 15 | 操作熟练 | |

# 项目思考与练习 2

1. 冲压模具装配前应做哪些准备工作？

2. 模具零件的固定方法有哪些？

3. 冲压模具装配时，导柱、导套的装配应按照怎样的步骤进行？

4. 模具装配后应达到哪些技术要求？

5. 装配顺序选择方法有哪些？

6. 低熔点合金固定法的特点有哪些？

7. 冲压模具装配时，怎样控制模具间隙？

8. 控制间隙的常用方法有哪几种？

9. 如何确定复合模装配基准？用哪个件较合适？

10. 安装弹压卸料板应注意什么问题？

11. 凸模（凹模）固定在固定板上以后，应满足哪些技术要求？

# 项目 3 塑料模具装配

## 任务 1 衬套注射模装配

任务引入

本任务是装配如图 3-1 所示衬套注射模。本任务主要介绍注射模装配工艺以及各类注射模装配工艺过程，从组件装配到最后总装配和试模工作，要求学生了解注射模装配的全过程，掌握注射模装配技能。

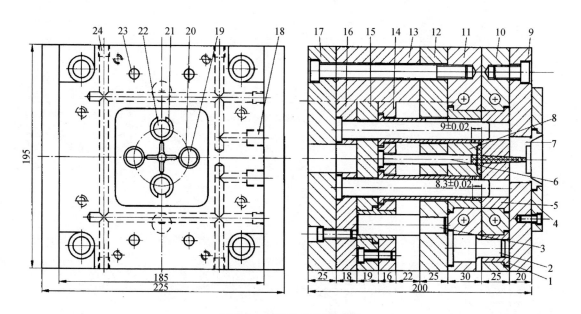

**图 3-1  衬套注射模装配图**

1—导套  2—导柱  3—推板导柱  4—定位圈  5—定模镶件  6—拉料杆  7—浇口套  8—动模镶件
9—定模座板  10—定模固定板  11—动模固定板  12—支承板  13—垫块  14—推管固定板
15—推板  16—型芯固定板  17—动模座板  18—水嘴  19、22—型芯  20、21—推管
23—复位杆  24—螺塞

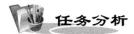

## 任务分析

由图 3-1 的装配图可知，该模具是单分型面注射模，型腔由动模和定模构成，为二板式结构。型腔布置和浇口排列对称，模具从动、定模分型面打开，塑件包在凸模上随动模部分一起向左移动而脱离定模座板 9，浇注系统凝料在拉料杆 6 的作用下，随塑件一起向左移动。移动一定距离后，当注射机顶杆接触推板 15 时，推出机构动作，推管 21 推动塑件推出。最后用人工将塑件从动、定模分型面之间取出。动模和定模型腔采用镶件结构，以导柱、导套为衬套注射模装配时的基准。

## 相关知识

**1. 塑料模具装配的工艺过程**

塑料模具的装配，按作业顺序通常可分为以下几个阶段，即研究模具装配关系、待装零件清理与准备、组件装配、总装配、试模与调整。

（1）研究装配关系

由于塑料制品形状复杂，结构各异，成形工艺要求也不尽相同，模具结构与动作要求及装配精度差别较大。因此，在模具装配前应充分了解模具总体结构类型与特点，仔细分析各组成零件的装配关系、配合精度与结构功能，认真研究模具工作时的动作关系及装配技术要求，从而确定合理的装配方法、装配顺序与装配基准。

（2）零件清理与准备

根据模具装配图上的零件明细表，清点与整理所有零件，清洗加工零件表面污物，去除毛刺，准备标准件。对照零件图检查各主要零件的尺寸和形位精度、配合间隙、表面粗糙度、修整余量、材料与热处理，以及有无变形、划伤或裂纹等缺陷。

（3）组件装配

按照装配关系要求，将为实现某项特定功能的相关零件组装成部件，为总装配做好准备。如定模或动模的装配、型腔镶块或型芯与模板的装配、推出机构的装配、侧滑块组件的装配等。组装后的部件其定位精度、配合间隙、运动关系等均需符合装配技术要求。

（4）总装配

模具总装配时首先要选择好装配的基准，安排好定模、动模（上模或下模）的装配顺序。然后将单个零件与已组装的部件或机构等按结构或动作要求，顺序地组合到一起，形成一副完整的模具。这一过程不是简单的零件与部件的有序组合，而是边装配、边检测、边调试、边修研的过程，最终必须保证装配精度，满足各项装配技术要求。模具装配后，应将模具对合后置于装配平台上，试拉模具各分型面，检查开距及限位机构动作是否准确可靠，推出机构的运动是否平稳，行程是否足够，侧向抽芯机构是否灵活等。一切检验无误后，将模具合好，准备试模。

（5）试模与调整

组装后的模具并不一定就是合格的模具，真正合格的模具要通过试模验证，才能够生产出合格的制品。这一阶段仍需对模具进行整体或部分的装拆与修研调整，甚至是补充加工。经试模合格后的模具，还需对各成型零件的成型表面进行最终的精抛光。

2. 塑料注射模具的装配要点

（1）装配基准的选择

注射模具的结构关系复杂，零件数量较多，装配时装配基准的选择对保证模具的装配质量十分重要。装配基准的选择，通常依据加工设备与工艺技术水平的不同，大致可分为以下两种。

① 以型腔、型芯为装配基准。因型腔、型芯是模具的主要成型零件，以型腔、型芯作为装配基准，称为第一基准。模具其他零件的装配位置关系都要依据成型零件来确定。如导柱孔、导套孔的位置确定，就要按型腔、型芯的位置来找正。为保证动、定模合模定位准确及制品壁厚均匀，可在型腔、型芯的四周间隙塞入厚度均匀的紫铜片，找正后再进行孔的加工。

② 以模具动、定模板（A、B板）两个互相垂直的侧面为基准。以标准模架上的A、B板两个互相垂直的侧面为装配基准，称为第二基准。型腔、型芯的安装与调整，导柱孔、导套孔的位置，以及侧滑块的滑道位置等，均以基准面按坐标尺寸来定位、找正。

（2）装配时的修研原则与工艺要点

模具零件加工后都有一定的公差或加工余量，钳工装配时需进行相应的修整、研配、刮削及抛光等操作，具体修研时应注意以下几点。

① 脱模斜度的修研。修研脱模斜度的原则是，型腔应保证收缩后大端尺寸在制品公差范围内，型芯应保证收缩后小端尺寸在制品公差范围内。

② 圆角与倒角。角隅处圆角半径的修整，型腔零件应偏大些，型芯应偏小些，便于制品装配时底、盖配合留有调整余量。型腔、型芯的倒角也遵循此原则，但设计图上没有给出圆角半径或倒角尺寸时，不应修圆角或倒角。

③ 垂直分型面和水平分型面的修研。当模具既有水平分型面，又有垂直分型面时，修研时应使垂直分型面接触吻合，水平分型面留有 0.01～0.02 mm 的间隙。涂红丹粉显示，在合模、开模后，垂直分型面出现黑亮点，水平分型面稍见均匀红点即可。

④ 型腔沿口处研修。模具型腔沿口处分型面的修研，应保证型腔沿口周边 10 mm 左右分型面接触吻合均匀，其他部位可比沿口处低 0.02～0.04 mm，以保证制品分型面处不产生飞边或毛刺。

⑤ 侧向抽芯滑道和锁紧块的修研。侧向抽芯机构一般由滑块、侧型芯、滑道和锁紧

楔等组成。装配时通常先研配滑块与滑道的配合尺寸，保证有 $\frac{H8}{f7}$ 的配合间隙；然后调整并找正侧型芯中心在滑块上的高度尺寸，修研侧型芯端面及其与侧孔的配合间隙；最后修研锁紧楔的斜面与滑块斜面。当侧型芯前端面到达正确位置或与型芯贴合时，锁紧楔与滑块的斜面也应同时接触吻合，并应使滑块上顶面与模板之间保持有 0.2 mm 的间隙，以保证锁紧楔与滑块之间的足够锁紧力。

侧向抽芯机构工作时，熔体注射压力对侧抽型芯或滑块产生的侧向作用力不应作用于斜导柱，而应由锁紧楔承受。为此需保证斜导柱与滑块斜孔的间隙，一般单边间隙不小于 0.5 mm。

⑥ 导柱、导套的装配。导柱、导套的装配精度要求严格，相对位置误差一般在 ±0.01 mm 以内，装配后应保证开、合模运动灵活。因此，装配前应进行配合间隙的分组选配。装配时应先安装模板对角线上的两个，并做开、合模运动检验，若有卡紧现象，应予以修正或调换。合格后再装其余两个，每装一个都需进行开、合模动作检验，确保动、定模开合运动灵活，导向准确，定位可靠。

⑦ 推杆与推件板的装配。推杆与推件板的装配要求是保证脱模运动平稳，滑动灵活。推杆装配时，应逐一检查每一根推杆尾部台肩的厚度尺寸与推杆固定板上固定孔的台阶深度，并使装配后留有 0.05 mm 左右的间隙。推杆固定板和动模垫板上的推杆孔位置，可通过型芯上的推杆孔引钻的方法确定。型芯上的推杆孔与推杆配合部分应采用 H7/f6 或 H8/f7 的间隙，其余部分可有 0.5 mm 的间隙。推杆端面形状应随型芯表面形状进行修磨，装配后不得低于型芯表面，但允许高出 0.05～0.1 mm。

推件板装配时，应保证推件板型孔与型芯配合部分有 3°～10° 的斜度，配合面的粗糙度不低于 $Ra0.8/\mu m$，间隙均匀，不得溢料。推顶推件板的推杆或拉杆要修磨得长度一致，确保推件板受力均匀。推件板本身不得有翘曲变形或推出时产生弹性变形。

⑧ 限位机构的装配。多分型面模具常用各类限位机构来控制模具的开、合模顺序和模板的运动距离。这类机构一般要求运动灵活，限位准确可靠。如用拉钩机构限制开模顺序时，应保证开模时各拉钩能同时打开。装配时应严格保证各拉杆或拉板的行程准确一致。

3. 组件装配

塑料模具装配时，一般是先按图复检各模具零件，再将相互配合零件装配成组件（或部件），最后将这些组件（或部件）进行总装配和试模工作。

对各组件（或部件）的装配可以分成以下几部分。

（1）型芯的装配

塑料模具的种类较多，模具的结构也各不相同，型芯和固定板的装配方式也不一样。

① 型芯装配的注意事项。型芯和固定板上的通孔一般采用过渡配合，在进行装配时

应注意以下事项。

A. 固定板孔一般由金属切削加工得到（淬硬的固定板可用线切割加工），因此，通孔与沉孔平面拐角处一般呈（如图 3-2 所示），而型芯在相应部位往往呈圆角（由磨削时砂轮的损耗形成）。

装配前应将固定板通孔的清角加以修正使之成为圆角，否则将影响装配。同样，型芯台肩上部边缘应倒角，特别是在缝隙 $c$ 较小时，若型芯台肩上平面与型芯轴线不垂直，则压入固定板至最后位置时，因受力不均易使台肩断裂。

B. 检查型芯与固定板孔的配合是否太紧，如配合过紧，则压入型芯时将使固定板产生弯曲，对于多型腔模还将影响各型芯之间的位置精度，对于淬硬的零件则容易产生碎裂。配合过紧时，可修正固定板孔或型芯。

C. 检查型芯高度与固定板厚度装配后是否符合尺寸要求。

D. 为便于将型芯压入固定板并防止切坏孔壁，将型芯端部四周修出斜度（斜度部分高度一般在 5 mm 以内，斜度取 $10'\sim20'$），如图 3-3（a）所示。图 3-3（b）所示的型芯已具有导入作用，因此，不需修出斜度。

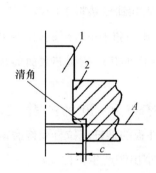

图 3-2　型芯与通孔式固定板的装配

1—型芯　2—固定板

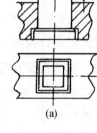

(a)                 (b)

图 3-3　型芯端部斜度

对于在型芯上不允许修出斜度的情况，可以将固定板孔修出斜度，如图 3-4 所示，此时斜度取 1°以内，高度取 5 mm 以内。

E. 对于型芯与固定板孔配合的尖角部分，可以将型芯角部修成 0.3 mm 左右的圆角，不允许型芯修成圆角时，应将固定板孔的角部用锯条修出清角或窄槽（如图 3-5 所示）。

F. 型芯压入固定板时应保持平稳，压入时以使用液压机为好。压入前在型芯表面涂润滑油，固定板安放在等高垫块上，型芯导入部分放入固定板孔以后，应测量并校正其垂直度，然后缓慢地压入。型芯压入一半左右时，再测量并校正一次垂直度。型芯全部压入后，应做最后的垂直度测量。

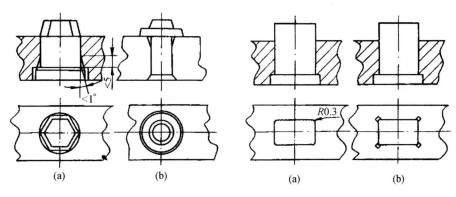

图 3-4　固定板孔的导入斜度　　　　图 3-5　尖角配合处的修正

② 常见的装配方式有如下两种。

A. 小型芯的装配。图 3-6 所示为小型芯的装配方式。图 3-6（a）所示为过渡配合装配，将型芯压入固定板的装配过程。在压入过程中，要注意校正型芯的垂直度和防止型芯切坏孔壁以及使固定板形变。压入后要在磨床上用等高垫铁支承磨平底面。

图 3-6（b）所示为螺纹的装配方式常用于热固性塑料压模。它是采用配合螺纹进行连接装配。装配时将型芯拧紧后，用骑缝螺钉定位，这种装配方式，对某些有方向性要求的型芯会造成螺纹拧紧后，型芯的实际位置与理想位置之间出现误差，如图 3-7 所示。$\alpha$是理想位置与实际位置之间的夹角，型芯的位置误差可以修磨固定板 $A$ 面或型芯 $B$ 面进行消除。修磨前要进行预装测出 $\alpha$ 角度大小。$A$ 面或 $B$ 面的修磨量 $\delta$ 按式（3-1）计算。

$$\delta = s/360° \times \alpha \qquad\qquad (3\text{-}1)$$

式中：$\delta$——误差角度（°）；

　　　　$s$——连接螺纹螺距（mm）。

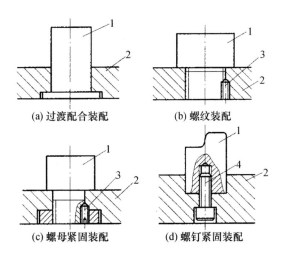

(a) 过渡配合装配　　　　(b) 螺纹装配

(c) 螺母紧固装配　　　　(d) 螺钉紧固装配

图 3-6　小型芯的装配方式

1—型芯　2—固定板　3—骑缝螺钉　4—螺钉

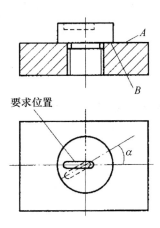

图 3-7　型芯位置误差

图 3-6（c）所示为螺母紧固装配，型芯连接段采用$\frac{H7}{k6}$或$\frac{H7}{m6}$配合与固定板孔定位，两者的连接采用螺母紧固。当型芯位置固定后，用定位螺钉定位。这种装配方式适合固定外形为任何形状的型芯及多个型芯的同时固定。

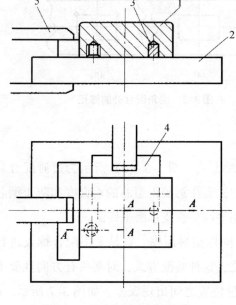

图 3-8　大型芯与固定板的装配

1—型芯　2—固定板　3—定位销套　4—定位块
5—平行夹头

图 3-6（d）所示为螺钉紧固装配。它是将型芯和固定板采用$\frac{H7}{k6}$或$\frac{H7}{m6}$配合，将型芯压入固定板，经校正合格后用螺钉紧固。在压入过程中，应对型芯压入端的棱边修磨成小圆弧，以免切坏固定板孔壁而失去精度。

B. 大型芯的装配。大型芯与固定板装配时，为了便于调整型芯和型腔的相对位置，减少机械加工工作量，对面积较大而高度低的型芯一般采用如图 3-8 所示的装配方式，其装配顺序如下。

● 在已加工成型的型芯上压入实心定位销套。

● 用定位块和平行夹头固定好型芯在固定板上的相对位置。

● 用画线或涂红丹粉的方式确定型芯螺纹孔位置，然后在固定板上钻螺钉过孔及沉孔，用螺钉初步固定。

● 通过导柱、导套将推件板、型芯和固定板装合在一起，将型芯调整到正确位置后，拧紧。

● 在固定板背面划出定位销孔位置，钻、绞销钉孔，并打入定位销定位。

（2）型腔的装配及修磨

除了简易的压塑模以外，一般注射模、压塑模、压铸模的型腔部分均使用镶嵌或拼块形式。

① 型腔的装配。塑料模具的型腔，在装配后要求动、定模板的分型面接合紧密、无缝隙，而且同模板平面一致。装配型腔时一般采取以下措施。

A. 型腔压入端不设压入斜度，一般将压入斜度设在模板孔上。

B. 对有方向性要求的型腔，为了保证其位置要求，一般先压入一小部分，然后借助型腔的直线部分用百分表进行校正其位置是否正确，经校正合格后，再压入模板。为了装配方便，可采用型腔与模板之间保持 0.01～0.02 mm 的配合间隙。型腔装配后，找正位置用定位销固定，如图 3-9 所示。最后在平面磨床上将两端面和模板一起磨平。

　　C. 对拼块型腔的装配，一般拼块的拼合面在热处理后要进行磨削加工，保证拼合后紧密无缝隙。拼块两端留余量，装配后同模板一起在平面磨床上磨平，如图 3-10 所示。

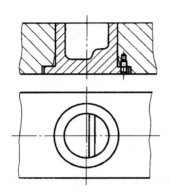

图 3-9　整体镶嵌式型腔的装配

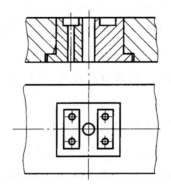

图 3-10　拼块式结构的型腔

　　拼块型腔在装配压入过程中，为防止拼块在压入方向上相互错位，可在压入端垫一块平垫板。通过平垫板将各拼块一起压入模中，如图 3-11 所示。

　　D. 对工作表面不能在热处理前加工到尺寸的型腔，如果热处理后硬度不高（如经过调质处理），可在装配后应用切削方法加工到要求的尺寸；如果热处理后硬度较高，只有在装配后采用电火花机床、坐标磨床对型腔进行精修达到精度要求。无论采用哪种方法对型腔两面都要留有余量，装配后同模具一起在平面磨床上磨平。

　　② 型腔的修磨。塑料模具装配后，有的型芯和型腔的表面或动、定模的型芯，在合模状态下要求紧密接触。为了达到这一要求，一般采用装配后修磨型芯端面或型腔端面的修配法进行修磨。

　　如图 3-12 所示，型芯端面或型腔端面出现了间隙$\Delta$，可以用以下方法进行修磨，消除间隙$\Delta$。

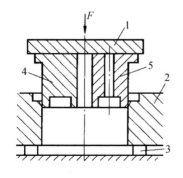

图 3-11　拼块型腔的装配

1—平垫板　2—模板　3—等高垫铁　4、5—型腔拼块

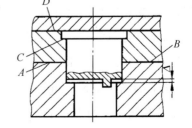

图 3-12　型芯与型腔端面的间隙

① 修磨固定板平面 $A$。拆去型芯，将固定板磨去等于间隙 $\Delta$ 的厚度。

② 将型腔上平面 $B$ 磨去等于间隙 $\Delta$ 的厚度。此法不用拆去型芯，较方便。

③ 修磨型芯台肩面 $C$。拆去型芯，将 $C$ 面磨去等于间隙 $\Delta$ 的厚度。但重新装配后需将固定板底面与型芯一起磨平。

如图 3-13 所示，装配后型腔端面与型芯固定板之间出现了间隙 $\Delta$。为了消除间隙 $\Delta$ 可采用以下修配方法。

A. 磨型芯工作面 $A$，如图 3-13（a）所示。对工作面 $A$ 不是平面的型芯，修磨复杂，不适用。

B. 在型芯定位台肩和固定板孔底部垫入厚度等于间隙 $\Delta$ 的垫片，如图 3-13（b）所示，然后再一起磨平面固定板和型芯支承面。此法只适用于小型模具。

C. 在型芯上面与固定板平面间增加垫板，如图 3-13（c）所示。但对于垫板厚度小于 2 mm 时不适用，一般适用于大、中型模具。

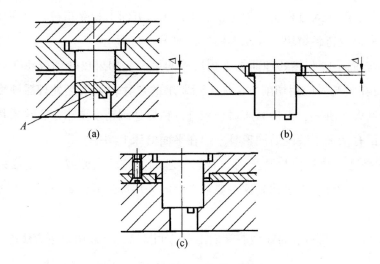

图 3-13　型芯板与固定板间隙的消除

（3）滑块抽芯机构的装配

滑块抽芯机构的作用是在模具开模后，将制件的侧向型芯先行抽出，再推出制品。装配中的主要工作是侧向型芯的装配和锁紧位置的装配。

① 侧向型芯的装配。侧向型芯的装配，一般是在滑块和滑槽、型腔和固定板装配后，再装配滑块上的侧向型芯。如图 3-14 所示，抽芯机构侧向型芯的装配一般采用以下方式。

A. 在型腔侧向孔的中心位置上测量出尺寸 $a$ 和尺寸 $b$，在滑块上画线，加工型芯装配孔，并装配型芯，保证型芯和型芯侧向孔的位置精度。

B. 以型腔侧向孔为基准，利用压印工具对滑块端面压印，如图 3-15 所示。然后，以压印为基准加工型芯配合孔后再装入型芯，保证型芯和侧向孔的配合精度。

C. 圆型芯可在滑块上先装配留有加工余量的型芯，然后对型腔侧向孔进行压印、修磨型芯，保证配合精度。同理，在型腔侧向孔的硬度不高，可以修磨加工的情况下，也可在型腔侧向孔留修磨余量，以型芯对型腔侧向孔压印，修磨型腔侧向孔，达到配合要求。

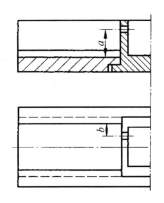

图 3-14　抽芯机构侧向型芯的装配

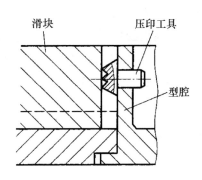

图 3-15　滑块压印

② 锁紧位置的装配。在滑块型芯和型腔侧向孔修配密合后，便可确定锁紧块的位置。锁紧块的斜面和滑块的斜面必须均匀接触。由于零件加工和装配中存在误差，所以装配中需进行修磨。为了修磨的方便，一般是对滑块的斜面进行修磨。

模具闭合后，为保证锁紧块和滑块之间有一定的锁紧力，一般要求锁紧块和滑块斜面接触后，在分模面之间留有 0.2 mm 的间隙以提供修配可能，如图 3-16 所示。滑块斜面修磨量可用式（3-2）计算：

$$b = (a - 0.2)\sin\alpha \qquad (3-2)$$

式中：$b$——滑块斜面修磨量（mm）；

$a$——闭模后测得的实际间隙（mm）；

$\alpha$——锁紧块斜度。

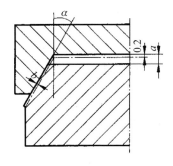

图 3-16　滑块斜面修磨量

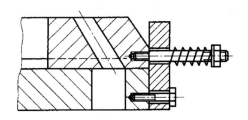

图 3-17　用定位板做滑块复位的定位

③ 滑块的复位、定位。模具开模后，滑块在斜导柱作用下侧向抽出。为了保证合模时斜导柱能正确地进入滑块的斜导柱孔，必须对滑块设置复位、定位装置，如图 3-17 所示用定位板做滑块复位的定位辅件。滑块复位的正确位置可以通过修磨定位板的接触平面进行调整。

如图 3-18 所示，滑块复位用滚珠、弹簧定位时，一般在装配中需在滑块上配钻位置正确的滚珠定位锥窝，达到正确定位。

（4）浇口套的装配

浇口套与定模板的装配，一般采用过盈配合。装配后的要求为浇口套与模板配合孔紧密、无缝隙，浇口套和模板孔的定位台肩应紧密贴实，装配后浇口套要高出模板平面 0.02 mm，如图 3-19 所示。为了达到以上装配要求，浇口套的压入外表面不允许设置导入斜度。压入端要磨成小圆角，以免压入时切坏模板孔壁，同时压入的轴向尺寸应留有去除圆角的修磨余量 $H$。

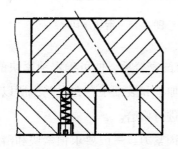

图 3-18　用滚珠做滑块复位的定位

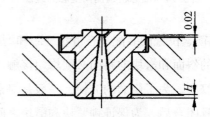

图 3-19　装配后的浇口套

在装配时，将浇口套压入模板配合孔，使预留余量 $H$ 突出模板之外。在平面磨床上磨平，如图 3-20 所示，最后将磨平的浇口套稍稍退出。再将模板磨去 0.02 mm，重新压入浇口套，如图 3-21 所示。对于台肩和定模板高出的 0.02 mm 可采用零件的加工方法以保证精度。

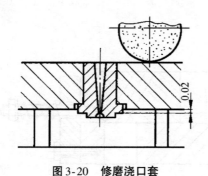

图 3-20　修磨浇口套

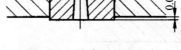

图 3-21　修磨后的浇口套

（5）导柱、导套的装配

导柱、导套是模具合模和开模的导向装置，它们分别安装在塑料模具的动、定模部分。装配后，要求导柱、导套垂直于模板平面，并要达到设计要求的配合精度和良好的导向定位作用。一般采用压入式装配到模板的导柱孔和导套孔内。

对于较短导柱可采用如图 3-22 所示的方式压入模板，较长导柱应在模板装配导套后，通过导套压入模板孔内，如图 3-23 所示。导套压入模板可采用图 3-24 所示方法。

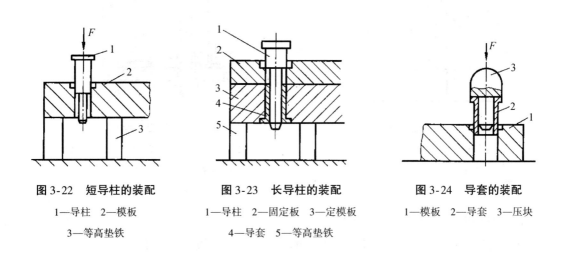

图 3-22　短导柱的装配　　　　图 3-23　长导柱的装配　　　　图 3-24　导套的装配

1—导柱　2—模板　　　　1—导柱　2—固定板　3—定模板　　　　1—模板　2—导套　3—压块

3—等高垫铁　　　　4—导套　5—等高垫铁

导柱、导套装配后，应保证动模板在开模及合模时滑动灵活，无卡阻现象。如果运动不灵活，有阻滞现象，可用红丹粉涂于导柱表面，往复拉动观察阻滞部位，分析原因后，进行重新装配。装配时，应先装配距离最远的两根导柱，合格后再装配其余两根导柱。每装入一根导柱都要进行上述观察，合格后再装下一根导柱，这样便于分析、判断不合格的原因和及时进行修正。

对于滑块型芯抽芯机构中的斜导柱装配，如图 3-25 所示，一般是在滑块型芯和型腔装配合格后，用导柱、导套进行定位，将动模板、定模板、滑块合装后按所要求的角度加工斜导柱孔；然后再压入斜导柱。为了减少侧向抽芯机构的脱模力，一般斜导柱孔比斜导柱外圈直径大 0.5～1.0 mm。

（6）推出机构的装配

塑料模具的制件推出机构，一般是由推板、推杆固定板、推杆、推板导柱、推板导套和复位杆组成，如图 3-26 所示。装配技术要求为：装配后运动灵活、无卡阻现象；推杆在推杆固定板孔内每边应有 0.5 mm 的间隙；推杆工作端面应高出型面 0.05～0.10 mm；复位杆工作端面应低于分型面 0.05～0.10 mm。完成制品推出后，应能在合模时自动退回原始位置。

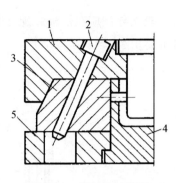

图 3-25　斜导柱的装配

1—定模板　2—斜导柱　3—滑块
4—型腔　5—动模板

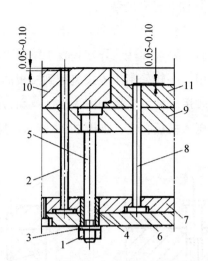

图 3-26　推出机构

1—螺母　2—复位杆　3—垫圈　4—导套　5—导柱
6—推板　7—推杆固定板　8—推杆　9—支承板
10—固定板　11—型腔

推出机构的装配顺序如下。

① 先将推板导柱垂直压入支承板 9，并将端面与支承板一起磨平。

② 将装有推板导套 4 的推杆固定板 7 套装在导柱上，并将推杆 8、复位杆 2 穿入推杆固定板、支承板和型腔 11 的配合孔中，盖上推板 6，用螺钉拧紧，并调整使其运动灵活。

③ 修磨推杆 8 和复位杆 2 的长度。如果推板和垫圈 3 接触时，推杆、复位杆 8 低于型面，则修磨推板导柱的台肩。如果推杆 8、复位杆 2 高于型面，则修磨推板 6 的底面。

④ 一般将推杆和复位杆加工的稍长一些，装配后将多余部分磨去。

修磨后的复位杆 2 应低于型面 0.05～0.10 mm，推杆 8 应高于型面 0.05～0.10 mm，推杆 8、复位杆 2 顶端可以倒角。

任务实施

1. 装配前的准备

装配钳工在接到任务后，必须先仔细阅读如图 3-1 所示的图样。了解模具的结构特点、动作原理和技术要求，选择合理的装配方法和装配顺序。并且要对照图样检查零件的质量，复检主要工作零件和其他零件的尺寸，同时准备好必要的标准零件，如螺钉、销钉及装配用的辅助工具等。

① 确定衬套注射模装配时以导柱、导套为基准。

② 按图复检各模具零件。

2．动模固定板组件安装

将动模镶件 8 和 4 个导柱 2 压入动模固定板 11 中，压入过程中需不断校验垂直度。压入后将反面与动模板一起磨平。

3．型芯固定板组件安装

将型芯 19、22 插入型芯固定板 16 中，用垫铁支承在平面磨床上将台阶面磨平。

4．定模固定板组件安装

将定模镶件 5 和 4 个导套 1 压入定模固定板 10 中，压入过程中需不断校验垂直度。压入后将反面与定模板一起磨平。

5．定模座板组件安装

将浇口套 7 压入定模座板 9 中，压入过程中需不断校验垂直度。压入后盖上定位圈 4，用 3 个 M6×12 螺钉紧固，反面与定模座板一起磨平。

6．推管固定板组件安装

① 将拉料杆 6、复位杆 23、推管 20、21 插入推管固定板中，用垫铁支承在平面磨床上将台阶面磨平。

② 将推板导柱 25 压入推管固定板 14 和推板 15 中，压入过程中需不断校验垂直度。压入后用 4 个 M8×16 螺钉轻轻带上。

③ 将推板导柱 3 压入支承板中，压入过程中需不断校验垂直度。

7．定模部分组装

将定模座板组件和定模板组件用平行夹夹紧，保证浇口套上的主流道与定模镶件上的主流道重合不错位，用 4 个 M12×25 螺钉紧固。特别注意浇口套上的主流道与定模镶件上的主流道不得错位，否则需重新松开螺钉调整或修整主流道。组装好后可用 2～4 个销钉将定模座板和定模板定位。

8．动模部分组装

① 将动模固定板组件和支承板 12 用平行夹夹紧，保证支承板上的过孔与动模固定板上的孔系重合不错位。

② 在推管固定板 14 和支承板 12 之间垫入块规，利用推板导柱 3、25 导向，装入推管固定板组件，将 4 个 M8×16 螺钉拧紧，再装入型芯固定板组件。

③ 将动模固定板组件和支承板 12、垫块 13 及动模座板 17 用侧基准找正，并对准相

对应孔位，用平行夹夹紧。

④ 检查复位杆上顶面与分型面的关系，测量推管至分型面的尺寸是否符合装配图 3-1 的要求，必要时应修配复位杆23 和推管21，也可对垫块13 的厚度和推板15 的厚度进行修配。

⑤ 检测合格后，用 4 个 M12×125 螺钉将动模座板 17、垫块、支承板 12 和动模固定板 11 紧固；用 4 个 M8×16 螺钉将型芯固定板 16 紧固在动模座板 17 上。注意保证推管推出机构运动灵活无卡滞现象。

9．合拢定模和动模

10．装配完成后试模、送检入库

 **任务考核**

表3-1 所示为衬套注射模装配考核评价表。

表 3-1　衬套注射模装配考核评价表

| 序号 | 实施项目 | 考核要求 | 配分 | 评分标准 | 得分 |
|---|---|---|---|---|---|
| 1 | 装配前的准备 | 选择合理的装配方法和装配顺序；复检主要工作零件和其他零件的尺寸；准备好必要的标准件，如螺钉、销钉及装配用的辅助工具等 | 15 | 具备模具结构知识及识图能力 | |
| 2 | 动模固定板组件安装 | 校验动模镶件、导柱与动模固定板垂直度。压入后将反面与动模板一起磨平 | 10 | 装配步骤正确，测量垂直度准确，操作熟练 | |
| 3 | 型芯固定板组件安装 | 型芯与固定板固定，台阶面磨平 | 10 | 装配步骤正确，操作熟练 | |
| 4 | 定模固定板组件安装 | 定模镶件、导套压入定模固定板校验垂直度。压入后反面与定模板一起磨平 | 10 | 装配步骤正确，测量垂直度准确，操作熟练 | |
| 5 | 定模座板组件安装 | 将浇口套压入定模座板中，压入过程中需不断校验垂直度，上定位圈用螺钉固定，反面与定模座板一起磨平 | 10 | 装配步骤正确，测量垂直度准确，操作熟练 | |
| 6 | 推管固定板组件安装 | 导柱压入推管固定板和推板中，校验垂直度。压入后用 4 个 M8×16 螺钉轻轻带上。导柱压入支承板中，校验垂直度 | 10 | 装配步骤正确，测量垂直度准确，操作熟练 | |
| 7 | 定模部分组装 | 浇口套上的主流道与定模镶件上的主流道重合不错位；定模座板和定模板定位 | 10 | 装配步骤正确，操作熟练 | |

续表

| 序号 | 实施项目 | 考核要求 | 配分 | 评分标准 | 得分 |
|---|---|---|---|---|---|
| 8 | 动模部分组装 | 推管至分型面的尺寸符合装配要求；型芯固定板紧固在动模座板上。保证推管推出机构运动灵活无卡滞现象 | 10 | 装配步骤正确，操作熟练 | |
| 9 | 合拢定模和动模试模 | 运动灵活 | 15 | 装配步骤正确，操作熟练 | |

# 任务 2　壳体件塑料注射模装配

**任务引入**

　　壳体件塑料注射模如图 3-27 所示。本任务主要介绍热塑性塑料注射模的装配，通过本任务的学习，在巩固注射模装配工艺过程的同时，重点掌握导柱孔和导套孔的加工，配作装配方法以及滑块抽芯机构的装配方法。

**任务分析**

　　从图 3-27 中可以看出，该模具可以确定为阶梯分型注射模。定模 17 与卸料板 18 形成模具的分型面。由动模型芯 9 和定模型芯 12、15 及定模镶块 11、16 构成型腔。壳体件塑料注射模装配要求如下。

　　① 模具上、下平面的平行度误差不大于 0.05 mm。

　　② 分型曲面处需密合。

　　③ 推件时推杆和卸料板动作必须保持同步。

　　④ 上、下模型芯必须紧密接触。

　　根据分析，该模具的关键是型腔和分型面。在装配时，有以下几个问题需要解决。

　　① 分型面的吻合性，特别是斜面的吻合性。

　　② 装配时型腔尺寸的控制。

　　③ 各小型芯与动模型面的吻合。

　　④ 卸料板与动模型芯的间隙保证。

　　若解决了以上几个问题，就可以保证模具的精度和质量。

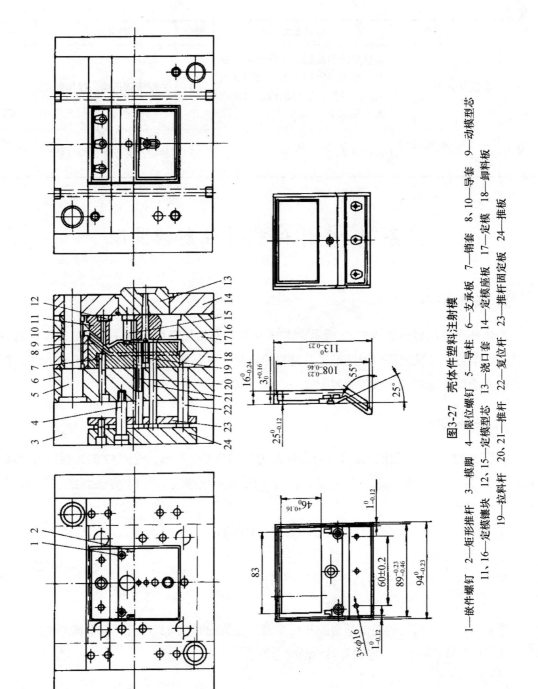

图3-27　壳体件塑料注射模

1—嵌件螺钉　2—矩形推杆　3—模脚　4—限位螺钉　5—导柱　6—支承板　7—销套　8、10—导套　9—动模型芯
11、16—定模镶块　12、15—定模型芯　13—浇口套　14—定模座板　17—定模　18—卸料板
19—拉料杆　20、21—推杆　22—复位杆　23—推杆固定板　24—推板

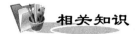相关知识

1. 导柱孔和导套孔的镗孔与装配

（1）导柱孔和导套孔的加工

导柱、导套分别安装于动模板与定模板上，为模具合模时的导向装置。因此，动、定模板上的导柱孔和导套孔的加工很重要，其相对位置偏差应在 0.01 mm 以内。除了可以用坐标镗床分别在动、定模板上镗孔以外，比较普遍采用的方法是将动、定模板合在一起（用工艺定位销钉定位），在车床、铣床或镗床上进行镗孔。

对于淬硬的模板，导柱孔和导套孔如在热处理前加工至尺寸，则在热处理后会引起孔形与位置变化而不能满足导向要求。因此，在热处理前进行模板加工时应留有磨削余量，热处理后或用坐标磨床磨孔，或将模板叠合在一起用内圆磨床磨孔（由于这种已淬硬的模板上已制成型腔，因此，应以型腔为基准叠合模板）。另一种方法是在淬硬的模板孔内压入软套或软芯，在软芯上镗导柱孔和导套孔。

（2）导柱孔和导套孔的加工次序

由于模具的结构及采用的装配方法不同，因此，在整套模具的装配过程中，应该合理确定导柱孔和导套孔的加工时机。基本上可有下列两种情况：

① 在模板的型腔凹模固定孔未修正之前加工导柱孔和导套孔。适用的场合有如下 4 种。

A. 各模板上的固定孔形状与尺寸均一致，而加工固定孔时一般采用将各模板叠合后一起加工，此时可借助导柱、导套作为各模板间的定位。

B. 不规则立体形状的型腔，装配合模时很难找正相对位置（如图 3-28 所示），此时导柱、导套可作为定位，以正确确定固定孔的位置（型腔镶块加工时，应保证型腔外形的相对尺寸）。

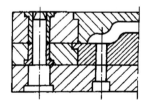

图 3-28　找正相对位置困难的型腔

C. 动、定模板上的型芯、型腔镶件之间无正确配合的场合。

D. 模具具有斜销滑块机构的场合。由于这类模具需修配的面较多，特别是多方向的多滑块结构，如不先装好导柱与导套，则合模时难以找出基准，部件修正困难。

② 在动、定模修正与装配完成后加工导柱孔和导套孔。其适用的场合如图 3-29（a）所示为小型芯需穿入定模镶块孔中；如图 3-29（b）所示为卸料板与型腔有配合要求。

（3）导柱、导套的压入

导柱、导套压入动、定模板中以后，启模和合模时导柱、导套间应滑动灵活，因此，压入时应注意以下问题。

① 对导柱、导套进行选配。

② 导套压入时，应校正垂直度，随时注意防止偏斜。

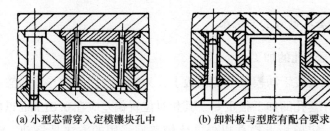

(a) 小型芯需穿入定模镶块孔中　　　　(b) 卸料板与型腔有配合要求

图 3-29　动、定模间有正确配合要求的结构

③ 导柱压入时，根据导柱长短采取不同方法。短导柱压入时如图 3-30 所示；长导柱压入时如图 3-31 所示，需借助定模板上的导套做导向。

④ 导柱压入时，应先压入距离最远的两个导柱，并试一下启模和合模时是否灵活，如发现有卡住现象，用红丹粉涂于导柱表面后在导套内往复拉动，观察卡住部位，然后将导柱退出并转动一定角度，或退出纠正垂直度后再行压入。在两个导柱装配合格的基础上再压入第三、第四个导柱。每装一个导柱均应作上述试验。

（4）导钉孔的加工

导钉是简化了的导柱，适用于中小型压模。导钉与凹模上的导钉孔配合，使上下模对准。

通常情况下，凹模需淬硬，因此，导钉孔需在热处理前加工至尺寸。固定板上的导钉固定孔则是用凸模做定位后，通过凹模上的导钉孔复钻锥坑后钻、铰（如图 3-32 所示）。

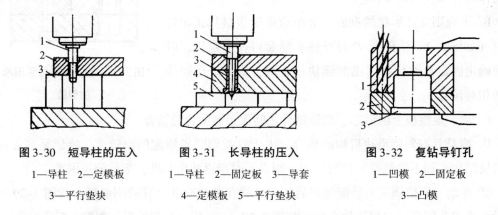

图 3-30　短导柱的压入　　　　图 3-31　长导柱的压入　　　　图 3-32　复钻导钉孔

1—导柱　2—定模板　　　　1—导柱　2—固定板　3—导套　　　1—凹模　2—固定板

3—平行垫块　　　　　　4—定模板　5—平行垫块　　　　3—凸模

2. 推杆的装配

（1）推杆固定板的加工与装配

推杆为推出制件所用，在模具操作过程中，推杆应保持动作灵活，尽量避免磨损。推

杆在推杆固定板孔内，每边有 0.5 mm 的间隙。推杆固定板的加工与装配方法如下。

① 推板用导柱做导向的结构，如图 3-33 所示。推杆固定板孔是通过型腔镶件上的推杆孔复钻得到的，复钻由两步完成。

A. 从型腔镶件 1 上的推杆孔复钻到支承板 3 上，如图 3-33（a）所示，复钻时用动模板 2 和支承板 3 上原有的螺钉与销钉做定位与紧固。

B. 通过支承板 3 上的孔复钻到推杆固定板 4 上，如图 3-33（b）所示，两者之间利用导柱 6、导套 5 定位（复钻前先将导柱、导套装配完成），用平行夹头夹紧。

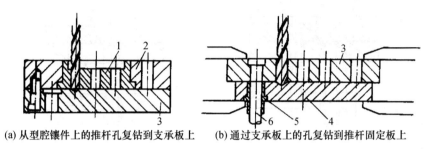

(a) 从型腔镶件上的推杆孔复钻到支承板上　　(b) 通过支承板上的孔复钻到推杆固定板上

**图 3-33　推杆固定板孔的复钻**

1—型腔镶件　2—动模板　3—支承板　4—推杆固定板　5—导套　6—导柱

② 利用复位杆做导向的结构，如图 3-34 所示。产量较小或推杆推出距离不大的模具，采用此种简化结构。复位杆 1 与支承板 2、推杆固定板 3 呈间隙配合，要有较长的支承与导向。

推杆固定板孔的复钻与上述相同，唯有在从支承板向推杆固定板复钻时以复位杆做定位。

③ 利用模脚做推杆固定板支承的结构，如图 3-35 所示。在模具装配后，推杆固定板 2 应能在模脚 3 的内表面灵活滑动，同时使推杆 4 在型腔镶件的孔中往复平移。

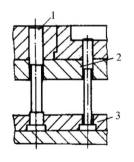

**图 3-34　利用复位杆导向的推板结构**

1—复位杆　2—支承板　3—推杆固定板

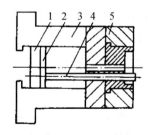

**图 3-35　以模脚做推杆固定板的支承结构**

1—推板　2—推杆固定板　3—模脚
4—推杆　5—动模板

复钻推杆孔的方法和图 3-33（b）相同。装配模脚时，不可先钻攻、钻铰模脚上的螺钉孔和销钉孔，而必须在推杆固定板装好以后，通过支承板的孔对模脚复钻螺钉孔，然后将模脚用螺钉初步紧固，将推杆固定板进行滑动试验并调整模脚到理想位置以后加以紧固，最后对动模板、支承板和模脚一起钻、铰销钉孔。

（2）推板上的导柱孔和导套孔加工。加工方法按导柱形式不同而异

① 直通式导柱，如图 3-36（a）所示。导柱安装孔与导套的安装孔直径不一致。当推杆为非圆形时，加工方法如下。

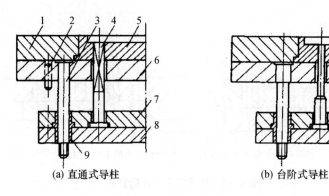

(a) 直通式导柱　　　　　　　　　(b) 台阶式导柱

**图 3-36　推板的导向装置**

1—动模板　2—销钉　3—导柱　4—推杆　5—型腔镶件　6—支承板

7—推杆固定板　8—推板　9—导套

A. 将镶入型腔镶件 5 后的动模板 1、支承板 6、推杆固定板 7 叠合后（件 6、7 间用销钉 2 定位），根据型腔镶件 5 的型孔修正支承板 6 和推杆固定板 7 上的成型推杆孔，使之与推杆保证间隙配合。

B. 将推杆固定板 7 和推板 8 叠合在一起镗制导套安装孔。

C. 将推杆 4 装入推杆固定板 7，导套 9 装入推杆固定板 7 与推板 8 后，将推杆固定板 7 和支承板 6 叠合并用销钉 2 定位，加工导柱安装孔。导柱直径在 12 mm 以下者，可通过导套孔复钻后铰导柱孔。导柱直径较大者，在机床上按导套孔校正中心，然后卸下推杆固定板镗孔，每镗一孔需装卸一次。如用坐标镗床加工，则各板上的导柱安装孔与导套安装孔可分别按外形基准加工。

② 台阶式导柱，如图 3-36（b）所示。导柱安装孔与导套的安装孔直径相同。当推杆为圆形时，其加工方法为：

不采用坐标镗床时，可将推板 8、推杆固定板 7 与支承板 6 叠合在一起并用压板压紧，同时镗出导柱安装孔和导套安装孔。

导柱、导套装配后，从型腔镶件的推杆孔内复钻其他各板上的孔。

（3）推杆的装配与修整如图 3-37 所示

　　① 推杆孔入口处倒小圆角、斜度。推杆顶端也可倒角，顶端留有修正量，在装配后修正顶端时可将倒角部分修整。

　　② 推杆数量较多时，与推杆孔做选择配合。

　　③ 检查推杆尾部台肩厚度及推杆台肩深度，使装配后留有 0.05 mm 左右的间隙，推杆尾部台肩太厚时应修磨底部。

　　④ 将装有导套 4 的推杆固定板 7 套在导柱 5 上，将推杆 8、复位杆 2 穿入推杆固定板 7 和支承板 9、型腔镶件 11，然后盖上推板 6，紧固螺钉。

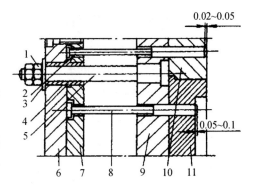

**图 3-37　推杆的装配与修整**

1—螺母　2—复位杆　3—垫圈　4—导套　5—导柱
6—推板　7—推杆固定板　8—推杆　9—支承板
10—动模板　11—型腔镶件

　　⑤ 模具闭模后，推杆 8 与复位杆 2 的极限位置决定于导柱或模脚的台阶尺寸。因此，在修磨推杆 8 顶端面之前，必须先将此台阶尺寸修磨到正确尺寸。推板 6 复位至与垫圈 3 或模脚下台阶接触时，若推杆 8 低于型面，则应修磨导柱台阶或模脚的上平面；若推杆 8 高于型面，则修磨推板 6 的底面。

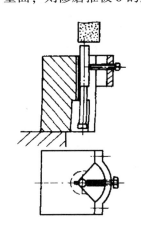

**图 3-38　推杆端面磨削专用工具**

　　⑥ 修磨推杆 8 及复位杆 2 的顶面。应使复位后复位杆 2 端面低于分型面 0.02～0.05 mm，在推板 6 复位至终点位置后，测量其中一根复位杆 2 高出分型面的尺寸，确定其修磨量，其他几根复位杆 2 修磨至统一尺寸。推杆 8 端面应高出型面 0.05～0.10 mm，修磨方法与上述相同。各推杆 8 端面不在同一平面上时，应分别确定修磨量。推杆 8 及复位杆 2 端面的修磨，只有在特殊情况下才和型面一起同磨，其缺点是当砂轮接触推杆时，推杆 8 发生转动使端面不能磨平，有时会造成磨削中的事故。此外，清除间隙内的屑末也是很麻烦的。

　　⑦ 推杆 8、复位杆 2 端面可在平面磨床上进行修磨，工件可由三爪自定心卡盘装夹，也可用简易专用工具（如图 3-38 所示）夹持。

　　3. 卸料板装配

　　(1) 卸料板型孔镶块的装配

　　为提高卸料板使用寿命，型孔部分往往镶入淬硬的型孔镶块，镶入的方式如下。

　　① 过盈配合方式，将镶块压入卸料板，大多用于圆形镶块；

　　② 非圆形镶块，将镶块和卸料板用铆钉或螺钉连接。

　　除了可以在热处理后进行精磨内外孔的圆环形镶块以外，其他形状的镶块在装配之前必须先修正型孔（与型芯的配合间隙），包括修正热处理后的变形量。

　　镶块内孔表面应有较小的表面粗糙度值。与型芯间隙配合工作部分高度仅需保持5～10 mm，其余部分应制成1°～3°斜度。由线切割或电火花加工的型孔，其斜度部分可直接在加工过程中得到，但如果间隙配合工作部分表面粗糙度值不够小时，应加以研磨。

　　采用铆钉连接方式的卸料板装配，是将镶块装入卸料板型孔，再套到型芯上，然后从镶块上已钻的铆钉孔中对卸料板复钻。铆合后铆钉头在型面上不应留有痕迹，以防止使用时粘塑料。

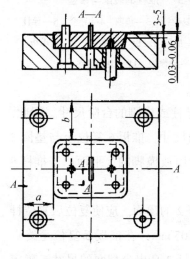

图 3-39　埋入式卸料板

　　采用螺钉固定镶块时，调整镶块孔与型芯之间的间隙比较方便，只需将镶块装入卸料板，套上型芯并调整后用螺钉紧固即可。但也需注意镶块外形和卸料板之间的间隙不能修得过大，否则也将产生粘料。

　　（2）埋入式卸料板的加工与修整

　　卸料板与固定板沉坑的加工与修整。埋入式卸料板是将卸料板埋入固定的沉坑（见图3-39），卸料板四周为斜面，与固定板沉坑的斜面接触高度保持有3～5 mm即可，若全部接触而配合过于紧密反而使卸料板推出时困难。卸料板的底面应与沉坑底面保证接触（宁可让四周斜面存在0.01～0.03 mm 的间隙），而卸料板的上平面应高出固定板0.03～0.06 mm。

　　卸料板为圆形时，卸料板四周与固定板沉坑斜度均可由车床加工。卸料板为矩形时，四周斜度可由铣床或磨床加工，而固定板沉坑的斜度大多用锥度立铣刀加工。由于加工精度受到限制，因此，往往将卸料板外形加一定余量，在装配时予以修整以配合沉坑。

　　（3）卸料板的型孔加工

　　① 对于小型模具，在卸料板外形与端面依据固定板沉坑修配完成后，根据卸料板的实际位置尺寸 $a$、$b$ 对卸料板做型孔的画线与加工。固定板上的型芯固定孔则通过卸料板的型孔压印加工。因此，除了狭槽、复杂形状的型孔以外，固定板上的孔最好与卸料板型孔尺寸及形状一致，以便采用压印方法。当固定板上的孔与卸料板型孔的尺寸、形状不同时，则应根据卸料板型孔与选定的基准 $M$ 之间的实际尺寸，以及型芯的实际尺寸，计算固定板孔与基准的对应尺寸进行加工（如图3-40所示）。

　　② 大型模具常采用将卸料板与固定板一同加工的办法。首先将修配好的卸料板用螺钉紧固于固定板沉坑内，然后以固定板外形为基准，直接镗出各孔。孔为非圆形时，则先镗出基准孔，然后在立式铣床上加工成形。

4．滑块抽芯机构的装配

滑块抽芯机构的装配步骤如下。

（1）将型腔镶块压入动模板，并磨两平面至要求尺寸

滑块的安装是以型腔镶块的型面为基准的。而型腔镶块和动模板在零件加工时，各装配面均留有修正余量。因此，要确定滑块的位置，必须先将动模镶块装入动模板，并将上、下平面修磨正确。修磨时应保证型腔尺寸。如图 3-41 所示，修磨 $M$ 面时应保证尺寸 $A$。

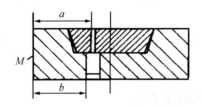

图 3-40　与固定板形状尺寸不一致的卸料板

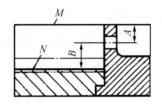

图 3-41　以型腔镶块为基准确定滑块槽位置

（2）将型腔镶块压出模板，精加工滑块槽

动模板上的滑块槽底面 $N$ 决定于修磨后的 $M$ 面（见图 3-41）。在进行动模板零件加工时，滑块槽的底面与两侧面均留有修磨余量（滑块槽实际为 T 形槽，在零件加工时，T 形槽未加工出来）。因此，在 $M$ 面修磨正确后将型腔镶块压出，根据滑块实际尺寸配磨或精铣滑块槽。

（3）铣 T 形槽

① 按滑块台肩的实际尺寸，精铣动模板上的 T 形槽。基本上铣到要求尺寸，最后由钳工修正。

② 如果在型腔镶块上也带有 T 形槽时，可将型腔镶块镶入后一起铣槽。也可将已铣好 T 形槽的型腔镶块镶入后再单独铣动模板上的 T 形槽。

（4）确定型孔位置及配制型芯固定孔

固定于滑块上的横型芯，往往要求穿过型腔镶块上的孔而进入型腔，并要求型芯与孔配合正确且滑动灵活。为达到这个目的，合理而经济的工艺应该是将型芯和型孔相互配制。由于型芯形状与加工设备不同，采取的配制方法也不同，如表 3-2 所示。

（5）滑块型芯的装配

① 型芯端面的修正方法。图 3-42 所示为滑块型芯与定模型芯接触的结构。由于零件加工中的积累误差，装配时往往需要修正滑块型芯端面。修磨的具体步骤如下。

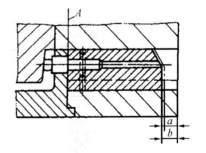

图 3-42　滑块型芯与定模型芯接触的结构

A. 将滑块型芯顶端面磨成与定模型芯相应部位形状一致。

B. 将未装型芯的滑块推入滑块槽，使滑块前端面与型腔镶块的 A 面相接触，然后测量出尺寸 $b$。

C. 将型芯装到滑块上并推入滑块槽，使滑块型芯的顶端面与定模型芯相接触，然后测量出尺寸 $a$。

D. 由测得的尺寸 $a$、$b$，可得出滑块型芯顶端面的修磨量。但从装配要求来讲，希望滑块前端面与型腔镶块 A 面之间留有 $0.05 \sim 0.10$ mm 的间隙，因此，实际修磨量应为 $b - a = (0.05 \sim 0.10)$ mm。

② 滑块型芯修磨正确后用销钉定位。滑块型芯与型腔镶块孔的配置如表 3-2 所示。

表 3-2　滑块型芯与型腔镶块孔的配置

| 结构形式 | 结构简图 | 加工示意图 | 说明 |
|---|---|---|---|
| 圆形滑块型芯穿过型腔镶块 | 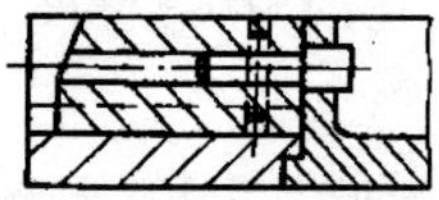 | 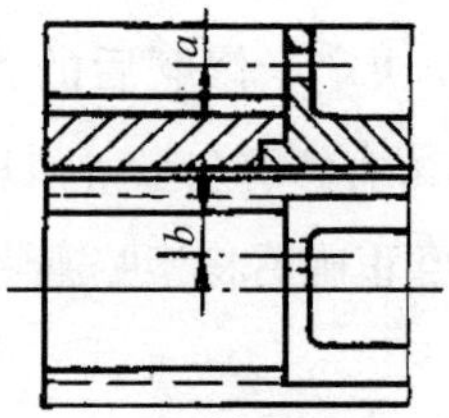 (a) 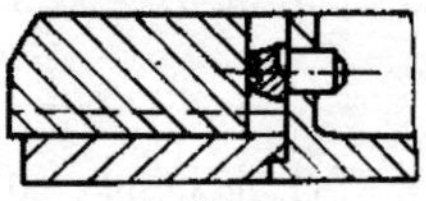 <br> (b) | 方法一 ［如图（a）所示］<br>1. 测量出 $a$ 与 $b$ 的尺寸<br>2. 在滑块的相应位置，按测量的实际尺寸镗型芯安装孔。如孔尺寸较大，可先用镗刀镗 $\phi 6 \sim 10$ mm 的孔，然后在车床上校正孔后车削<br>方法二 ［如图（b）所示］<br>利用压印工具压印，在滑块上压出中心孔与一个圆形印，用车床加工型芯孔时可按照此圆校正 |
| 非圆形滑块型芯穿过型腔镶块 | 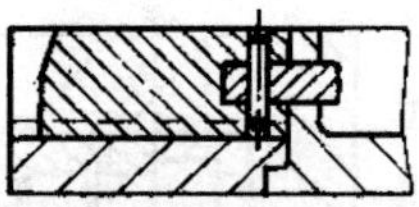 | 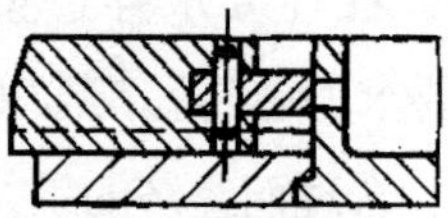 | 型腔镶块的型孔周围加修正余量。滑块与滑块槽正确配合以后，以滑块型芯对动模镶块的型孔进行压印，逐渐将型孔修正 |
| 滑块局部伸入型腔镶块 | 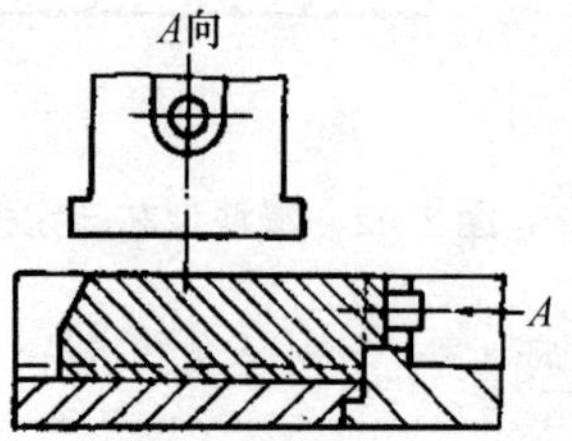 | 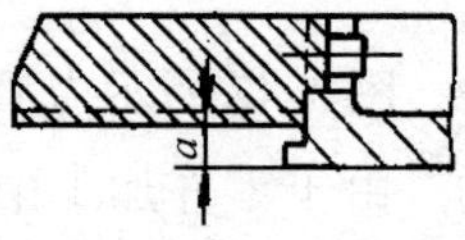 | 先将滑块和型腔镶块的镶合部分修正到正确的配合，然后测量得出滑块槽在动模板上的位置尺寸，按此尺寸加工滑块槽 |

5．楔紧块的装配

滑块型芯和定模型芯修配密合后，便可确定楔紧块的位置。楔紧块装配的技术要求如下。

① 楔紧块斜面和滑块斜面必须均匀接触。由于在零件加工中和装配中有误差存在，因此，在装配时需加以修正。一般以修正滑块斜面较为方便。修正后用红丹粉检查接触质量。

② 模具闭合后，保证楔紧块和滑块之间具有锁紧力。其方法就是在装配过程中使楔紧块和滑块的斜面接触后，分模面之间留有 0.2 mm 的间隙。此间隙可用塞尺检查。

③ 在模具使用过程中，楔紧块应保证在受力状态下不向闭模方向松动，亦即需使楔紧块的后端面与定模在同一平面上。

根据上述要求与楔紧块的形式，其装配方法如表 3-3 所示。

表 3-3　楔紧块的装配方法

| 楔紧块形式 | 结构简图 | 装配方法 |
|---|---|---|
| 螺钉、销钉固定式 | | 1. 用螺钉紧固楔块<br>2. 修磨滑块斜面，使其与楔块斜面密合<br>3. 通过楔紧块，对定模板复钻、铰销钉孔，然后装入销钉<br>4. 将楔紧块后端面与定模板一起磨平 |
| 镶入式 | | 1. 钳工修配定模板上的楔紧块固定孔，并装入楔紧块<br>2. 修磨滑块斜面<br>3. 楔紧块后端面与定模板一起磨平 |
| 整体式 | | 1. 修磨滑块斜面（带镶片式的可先装好镶片，然后修磨滑块斜面）<br>2. 修磨滑块，使滑块和定模板之间具有 0.2 mm 间隙。两侧均有滑块时，可分别逐个予以修正 |
| 整体镶片式 | | |

6. 镗斜销孔

镗斜销孔是在滑块、动模板和定模板组合的情况下进行。此时，楔紧块对滑块具有锁紧作用，分型面之间留有 0.2 mm 的间隙，用金属片（厚度为 0.2 mm）垫实。

镗孔一般在立式铣床上进行即可。

7. 滑块复位定位

开模后滑块复位至正确位置，滑块复位的定位在装配时进行安装与调整。

图 3-43 所示为用定位板作滑块复位定位。滑块复位的正确位置可由修正定位板平面得到。复位后滑块后端面一般设计成与动模板外形在同一平面内，由于加工中的误差而形成高低不平时，则可将定位板修磨成台肩形。

滑块复位用滚珠定位时（如图 3-44 所示），在装配时需要在滑块上正确钻锥坑。

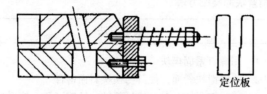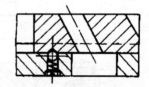

定位板

图 3-43　用定位板做滑块复位定位　　　图 3-44　用滚珠做滑块复位定位

当模具导柱长度大于斜销投影长度时（即斜销脱离滑块时，模具导柱、导套尚未脱离），只需在开模至斜销脱出滑块时在动模板上画线，以画出滑块在滑块槽内的位置，然后用平行夹头将滑块和动模板夹紧，从动模板上已加工的弹簧孔中复钻滑块锥坑。

当模具导柱较短时，在斜销脱离滑块前模具导柱与导套已经脱离，则不能用上面方法确定滑块位置。此时必须将模具安装在注射机上进行开模以确定滑块位置，或将模具安装在特制的校模机上进行开模以确定滑块位置。

 任务实施

1. 装配前的准备

装配钳工在接到任务后，必须先仔细阅读如图 3-27 所示的图样。了解模具的结构特点、动作原理和技术要求，选择合理的装配方法和装配顺序。并且要对照图样检查零件的质量，复检主要工作零件和其他零件的尺寸，同时准备好必要的标准零件，如螺钉、销钉及装配用的辅助工具等。

2．确定定模加工基准面

确定定模 17 的加工基准面（如图 3-45 所示）步骤如下。

① 定模前工序完成情况：外形粗刨，每边留有 1 mm 余量；分型曲面留有 0.5 mm 余量；调质到硬度 28～32 HRC；两平面磨平，保证平行度，并留有修磨余量；型腔由电火花加工成形，深度按要求尺寸增加 0.2 mm。

② 用油石修光型腔表面。

③ 磨 A 面，控制尺寸 12.9 mm，然后磨 B 面。

④ 以型腔 C 面为基准，磨分型曲面，控制尺寸 20.85 mm。同时磨出外形基准面 D。

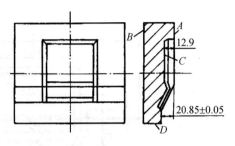

图 3-45　确定定模的加工基准面

3．修正卸料板分型面

① 卸料板前工序完成情况：外形粗刨，每边留有 1 mm 余量；分型曲面留有 0.5 mm 余量；调质到硬度 28～32 HRC；分型曲面按定模 17 配磨完毕。

② 检查定模与卸料板之间的密合情况（用红丹粉检查）。

③ 圆角和尖角相碰处，用油石修配密合。型面不妥帖处，研磨修整。

4．同镗导柱孔和导套孔

同镗导柱孔和导套孔的步骤如下。

① 将定模 17、卸料板 18 和支承板 6 套合在一起，使分型曲面紧密接触，然后压紧，镗制两孔 $\phi$26 mm。

② 锪导柱孔和导套孔的台肩。

5．加工定模与卸料板外形

加工定模与卸料板外形（如图 3-46 所示）步骤如下。

① 将定模 17 与卸料板 18 叠合在一起，压入工艺定位销。

② 以 D 面为基准，精加工四周（保持垂直度）。

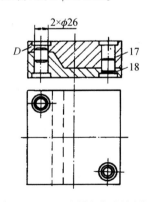

图 3-46　加工定模与卸料板外形

6．镗线切割用的穿线孔及型芯孔

镗线切割用的穿线孔及型芯孔（如图 3-47 所示）步骤如下。

① 按定模的侧面垂直基准，求得型腔实际中心尺寸 $L$ 与 $L_1$。

② 按 $L_1$ 画线，铣平台尺寸 $\phi12\,\mathrm{mm}$（镗孔用）；按 $L_1$ 与 $L_2$ 画线，铣矩形孔的台肩尺寸 57.5 mm 和 30 mm；

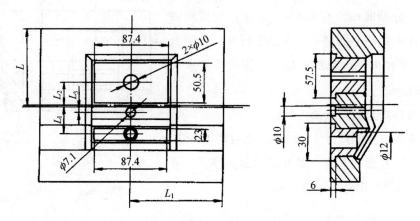

图 3-47　镗线切割用穿线孔及型芯孔

③ 按 $L_1$、$L_2$、$L_3$ 位置，镗两个穿线孔 $\phi10\,\mathrm{mm}$ 和型芯孔 $\phi7.1\,\mathrm{mm}$。

**7. 线切割矩形孔**

以两孔 $\phi10\,\mathrm{mm}$ 为基准，线切割矩形孔 50.5 mm×87.4 mm 和 23 mm×87.4 mm。

**8. 线切割卸料板型孔**

① 按定模的实际中心 $L$ 与 $L_1$ 尺寸镗线切割用穿线孔 $\phi10\,\mathrm{mm}$。

② 以穿线孔和外形为基准，线切割型孔。

**9. 压入导柱、导套**

在定模、卸料板和支承板上分别压入导柱、导套。

① 清除孔和导柱、导套的毛刺。

② 检查导柱、导套的台肩，其厚度大于沉坑者应修磨。

③ 将导柱、导套分别压入各板。

**10. 型芯与卸料板及支承板的装配**

① 钳工修光卸料板型孔，并与型芯做配合检查，要求滑动灵活.

② 支承板和卸料板合拢。将型芯的螺钉孔口部涂抹红丹粉，然后放入卸料板型孔内，在支承板上复印出螺钉通孔的位置。

③ 移去卸料板与型芯，在支承板上钻螺钉通孔，并锪沉坑。

④ 将销套压入型芯，拉杆装入型芯。

⑤ 将卸料板、型芯和支承板装合在一起，调整到正确位置后，用螺钉紧固。

⑥ 按画线一同钻、铰支承板与型芯的销钉孔（如图 3-48 所示）。

⑦ 压入销钉。

**11. 复钻支承板上的推杆孔**

通过型芯复钻支承板上的推杆孔。

① 支承板上复钻出锥坑。

② 拆下型芯，调换钻头，钻出要求尺寸的孔。

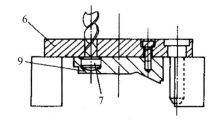

图 3-48　支承板与型芯一同钻、铰销钉孔

**12. 复钻推杆固定板上的推杆孔**

通过支承板复钻推杆固定板上的推杆孔。

① 将矩形推杆穿入推杆固定板、支承板和型芯（板上的方孔已由机床加工完毕）。

② 将推杆固定板和支承板用平行夹头夹紧。

③ 钻头通过支承板上的孔直接钻通推杆固定板孔。

④ 推杆固定板上的螺钉孔通过推板复钻。

**13. 加工限位螺钉孔和复位杆孔**

在推杆固定板和支承板上加工限位螺钉孔和复位杆孔（如图 3-49 所示）。

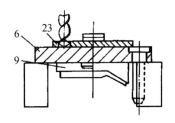

图 3-49　复钻支承板的限位螺钉孔和复位杆孔

① 在推杆固定板上钻限位螺钉通孔和复位杆孔。

② 用平行夹头将支承板与推杆固定板夹紧。

③ 通过推杆固定板复钻支承板上的锥坑。

④ 拆下推杆固定板，在支承板上钻攻螺钉孔和钻通复位杆孔。

**14. 模脚与支承板的装配**

① 在模脚上钻螺钉通孔和锪沉坑；钻销钉孔（留铰孔余量）。

② 使模脚与推板外形接触，然后将模脚与支承板用平行夹头夹紧。

③ 钻头通过模脚孔向支承板复钻锥坑（销孔可直接钻出，并用 $\phi 10$ mm 铰刀铰孔）。

④ 拆下模脚，在支承板上钻攻螺钉孔。

15．定模镶块与定模的装配

① 将定模镶块 16、定模型芯 15 装入定模，测量镶块和型芯凸出型面的实际尺寸。

② 按型芯 9 高度和定模深度的实际尺寸，将定模镶块和型芯退出定模，单独进行磨削，然后再装入定模，并检查与定模和卸料板是否同时接触。

③ 将定模型芯 12 装入定模镶块 11，用销钉定位。以定模镶块的外形和斜面作基准，预磨型芯的斜面。

④ 将第（1）项的型芯、定模镶块装入定模，然后将定模与卸料板合模，并测量分型面的间隙尺寸。

⑤ 将定模镶块 11 退出，按第（1）项测量出的间隙尺寸精磨定模型芯 12 的斜面到要求尺寸。

⑥ 将定模镶块 11 装入定模，一起磨平装配面。

16．在定模座板上钻、锪螺钉通孔和导柱孔

在定模座板 14 上钻、锪螺钉通孔和导柱孔，钻两销钉孔（留铰孔余量）。

17．浇口套压入定模座板

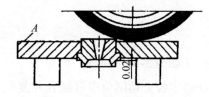

图 3-50　浇口套和定模座板的装配

将浇口套压入定模座板（如图 3-50 所示）的步骤如下所示。

① 清除定模座板浇口套孔中的毛刺。

② 检查台肩面到两平面的尺寸是否符合装配要求（浇口套两端面均应凸出定模座板的两平面）。

③ 用压力机将浇口套压入定模座板。

④ 将浇口套面和定模座板 A 面一起磨平。

18．定模和定模座板的装配

① 将定模和定模座板用平行夹头夹紧（浇口套上的浇道孔和镶块上的浇道孔必须调整到同心），通过定模座板孔复钻定模上的螺钉孔和销钉孔（螺钉孔复钻锥坑，销钉孔可直接钻到要求深度后铰孔）。

② 将定模和定模座板拆开，在定模上钻攻螺钉孔。

③ 敲入销钉，紧固螺钉。

19．修正推杆和复位杆的长度

① 将动模部分全部装配，使模脚底面和推板紧贴于平板。自型芯表面和支承板表面

测量出推杆和复位杆的凸出尺寸。

② 将推杆和复位杆拆下，按上项测得的凸出尺寸修磨顶端，要求推杆凸出型芯平面 0.2 mm，复位杆与支承板平面齐平。

 **任务考核**

如表 3-4 所示为壳体件塑料注射模装配考核评价表。

表 3-4　壳体件塑料注射模装配考核评价表

| 序号 | 实施项目 | 考核要求 | 配分 | 评分标准 | 得分 |
|---|---|---|---|---|---|
| 1 | 装配前的准备 | 选择合理的装配方法和装配顺序；复检主要工作零件和其他零件的尺寸；准备好必要的标准件，如螺钉、销钉及装配用的辅助工具等 | 10 | 具备模具结构知识及识图能力 | |
| 2 | 确定定模加工基准面 | 以型腔 C 面为基准，确定定模 17 的加工基准面，磨 A 面，控制尺寸 12.9 mm，磨分型曲面，控制尺寸 20.85 mm。同时磨出外形基准面 D | 5 | 保证尺寸 12.9 mm 和 20.85 mm | |
| 3 | 修正卸料板分型面 | 圆角和尖角相撞处，用油石修配密合。型面不妥帖处，研磨修正。检查定模与卸料板之间的密合情况 | 5 | 定模与卸料板之间密合（用红丹粉检查） | |
| 4 | 同镗导柱孔和导套孔 | 镗制两孔 $\phi$26 mm | 5 | 设备操作熟练 | |
| 5 | 加工定模与卸料板外形 | 以 D 面为基准，精加工四周（保持垂直度） | 5 | 设备操作熟练 | |
| 6 | 镗线切割用的穿线孔及型芯孔 | 镗两个穿线孔 $\phi$10 mm 和型芯孔 $\phi$7.1 mm | 5 | 设备操作熟练 | |
| 7 | 线切割矩形孔 | 线切割矩形孔 50.5 mm×87.4 mm 和 23 mm×87.4 mm | 5 | 设备操作熟练，保证位置精度和尺寸精度 | |
| 8 | 线切割卸料板型孔 | 线切割型孔达到尺寸要求 | 5 | 设备操作熟练，保证位置精度和尺寸精度 | |
| 9 | 压入导柱、导套 | 在定模、卸料板和支承板上分别压入导柱、导套 | 5 | 操作熟练，保证各板上孔的位置 | |

| 序号 | 实施项目 | 考核要求 | 配分 | 评分标准 | 得分 |
|---|---|---|---|---|---|
| 10 | 型芯与卸料板及支承板的装配 | 将卸料板、型芯和支承板装合在一起，调整到正确位置后，用螺钉紧固 | 5 | 操作熟练 | |
| 11 | 复钻支承板上的推杆孔 | 钻出支承板上的推杆孔 | 5 | 操作熟练 | |
| 12 | 复钻推杆固定板上的推杆孔 | 钻推杆固定板上的推杆孔 | 5 | 操作熟练 | |
| 13 | 加工限位螺钉孔和复位杆孔 | 在推杆固定板上钻限位螺钉通孔和复位杆孔。拆下推杆固定板，在支承板上钻攻螺钉孔和钻通复位杆孔 | 5 | 操作熟练 | |
| 14 | 模脚与支承板的装配 | 在模脚上钻螺钉通孔和锪沉坑；钻销钉孔（留铰孔余量）。在支承板上钻攻螺钉孔 | 5 | 装配步骤正确；操作熟练 | |
| 15 | 定模镶块与定模的装配 | 保证定模镶块与卸料板合模后的分型面间隙尺寸，最后磨平装配面 | 5 | 装配步骤正确；操作熟练 | |
| 16 | 在定模座板上钻、锪螺钉通孔和导柱孔 | 在定模座板 14 上钻、锪螺钉通孔和导柱孔。钻两销钉孔（留铰孔余量） | 5 | 操作熟练 | |
| 17 | 浇口套压入定模座板 | 浇口套两端面均应凸出定模座板的两平面，将浇口套面和定模座板 A 面一起磨平 | 5 | 操作熟练 | |
| 18 | 定模和定模座板的装配 | 紧固定模和定模座 | 5 | 装配步骤正确；操作熟练 | |
| 19 | 修正推杆和复位杆的长度 | 要求推杆凸出型芯平面 0.2 mm，复位杆与支承板平面齐平 | 5 | 保证推杆凸出型芯平面 0.2 mm | |

# 项目思考与练习 3

1. 简述塑料模具装配的工艺过程。
2. 怎样选择塑料模具装配基准？
3. 简述型芯装配的注意事项。

4. 侧抽芯滑道和锁紧块修研的原则和要点有哪些？

5. 装配浇口套时有哪些要求？

6. 简述小型芯的装配方法。

7. 导柱、导套压入时应注意哪些问题？

8. 塑料模具的推出机构有哪些装配技术？

9. 塑料模具的装配哪些需要配作加工？

10. 简述滑块型芯的装配方法。

# 项目4 冲压模具的安装与调试

## 任务1 冲压模具的安装

 **任务引入**

本任务是将图2-1冲孔模安装在单动曲柄压力机上。通过本任务的学习，要求学生掌握各类冲压模具的安装和设备的选用，熟悉冲压设备的安全操作规程及冲压模具安装和使用中的注意事项。

**任务分析**

冲压模具在装配完毕后，为了保证模具的质量，必须把模具安装到压力机上进行调整与调试，这是因为冲压模具在设计、制造、冲压过程中，任何一个环节都可能存在问题。因此，模具在压力机上的安装调试工作是很重要的，它直接关系到冲压产品的质量。

根据任务描述，首先确定主要研究的对象是冲压模具的安装，冲压模具的安装有三个方面的要求。一是对冲压设备的要求，成品的冲压模具必须首先保证其能顺利安装到指定压力机上。模具的参数必须符合压力机的各种技术参数，主要包括公称压力、闭合高度、滑块行程、最大装模高度、工作台孔尺寸、模柄孔尺寸、安装条件等。在冲压模具安装过程中应注意压力机的装模高度和模具高度，必须保证模具高度在压力机装模高度允许范围之内，然后再根据模具高度对装模高度做必要的调整。二是检查模具是否符合图样要求和技术要求，包括零件是否齐全，有无特殊要求。三是冲压模具的安装程序和方法，包括模具安装前的准备工作，安装过程和安装后的调试。模具在单动压力机与双动压力机上的安装方法不同，对于冲裁模、弯曲模、拉深模、校正整形模等不同结构模具的安装细节也不尽相同。

**相关知识**

### 1. 冲压设备

冲压设备一般可分为机械压力机、电磁压力机、气动压力机和液压机四大类。常用的有机械压力机和液压机两大类。

冲压设备的型号是按照机械标准的类、列、组编制的。如 J23-40A，其中：J——机械压力机（类），2——开式双柱压力机（列），3——开式双柱可倾式压力机（组），40——公称压力 400 kN，A——经过第一次改进设计。

（1）曲轴压力机

下面以常用的曲轴压力机为例介绍压力机的结构和工作原理。

图 4-1 所示为一种曲轴压力机图片。曲柄压力机结构组成包括：工作机构、传动机构、操纵系统、支承部件和辅助系统等。

① 工作机构。工作机构主要由曲轴、连杆和滑块组成。其作用是将电动机主轴的旋转运动变为滑块的往复直线运动。滑块底平面中心设有模具安装孔，大型压力机滑块底面还设有 T 形槽，用来安装和压紧模具，滑块中还设有退料（或推件）装置，用以在滑块回程时将工件或废料从模具中退下。

② 传动机构。传动系统由电动机、带、飞轮、齿轮等组成。其作用是将电动机的运动和能量按照一定要求传给曲柄滑块机构。

③ 操纵系统。操作机构包括空气分配系统、离合器、制动器、电气控制箱等。

④ 支承部件。支承部件包括机身、工作台、拉紧螺栓等。

曲轴压力机的工作原理如图 4-2 所示。

图 4-1　曲柄压力机图片

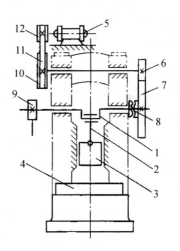

图 4-2　曲轴压力机工作原理

1—曲轴　2—连杆　3—滑块　4—工作台　5—电动机
6—小齿轮　7—大齿轮　8—离合器　9—制动器
10—大带轮　11—V 带　12—小带轮

开关闭合后，电动机 5 旋转，小带轮 12 带动大带轮 10 转动，通过小齿轮 6 再带动大齿轮 7 转动，即电动机 5 的转动经二级减速传给曲轴 1。合上离合器 8，曲轴 1 开始转动，然后通过连杆滑块机构，带动滑块 3 做上下往复运动。压力机每完成一个冲程，即上下运动一个循环，离合器会自动分离，滑块会自动停在上止点上，除非按下连续冲压开关，压力机才会连续循环冲压。

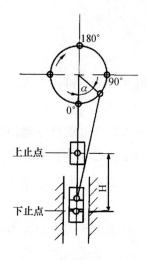

图 4-3　曲柄滑块机构

（2）曲轴压力机的主要技术参数

① 公称压力。指压力机滑块离下止点前某一特定距离或曲轴旋转到离下止点前某一特定角度时，滑块上所允许承受的最大压力，如图 4-3 所示。我国压力机的公称压力已经系列化。

② 滑块行程。指滑块从上止点到下止点所经过的距离，最大数值是曲轴长度的 2 倍，其数值大小随工艺用途和公称压力不同而不同。

③ 冲压次数。指滑块每分钟从上止点到下止点，然后再回到上止点所往复的次数，反映了曲柄压力机的工作频率。普通压力机一般为 60～150 次/分钟，高速压力机可达每分钟千次以上。

④ 闭合高度。指压力机的装模高度，即滑块运动到下止点，滑块底平面与压力机工作台面之间的距离 $H$。由于连杆的高度可以调节，所以闭合高度可以改变，即可以从最小闭合高度调节到最大闭合高度。

⑤ 工作台面尺寸。指工作台面的外形（长×宽）尺寸及中间漏料孔的尺寸，决定了安装模具下模座的尺寸范围和落料制件或废料的允许尺寸。

⑥ 模柄孔尺寸。指滑块下平面中心处安放模具模柄的圆孔直径及模柄孔深尺寸。

⑦ 装模高度。指滑块移动到下止点时，滑块平面到工作台面的高度。此高度可以通过调节螺杆进行调整。在最大闭合高度状态时的装模高度为最大装模高度，在最小闭合高度状态时的装模高度为最小装模高度。

⑧ 连杆调节长度。曲轴压力机的连杆长度可以调节，通过改变连杆的长度而改变压力机闭合高度，以适应不同闭合高度模具的安装要求。

⑨ 电动机功率。压力机电动机功率应大于冲压时所需要的功率。

表 4-1 给出了开式双柱可倾式压力机的主要结构参数。

表 4-1　开式双柱可倾式压力机的主要结构参数

| 公称压力/kN | 31.5 | 63 | 100 | 160 | 250 | 400 | 630 | 1 000 |
|---|---|---|---|---|---|---|---|---|
| 滑块行程/mm | 25 | 35 | 45 | 55 | 65 | 100 | 130 | 130 |
| 滑块行程次数/(次·min$^{-1}$) | 200 | 170 | 145 | 120 | 105 | 45 | 50 | 38 |
| 最大闭合高度/mm | 120 | 150 | 180 | 220 | 270 | 330 | 360 | 480 |

续表

| 最大装模高度/mm | | 95 | 120 | 145 | 180 | 220 | 265 | 280 | 380 |
|---|---|---|---|---|---|---|---|---|---|
| 连杆调节长度/mm | | 25 | 30 | 35 | 45 | 55 | 65 | 80 | 100 |
| 工作台尺/mm | 前后 | 160 | 200 | 240 | 300 | 370 | 460 | 480 | 710 |
| | 左右 | 250 | 310 | 370 | 450 | 560 | 700 | 710 | 1 080 |
| 垫板尺寸/mm | 厚度 | 25 | 30 | 35 | 40 | 50 | 65 | 80 | 100 |
| | 孔径 | 110 | 140 | 170 | 210 | 200 | 220 | 250 | 250 |
| 模柄尺寸/mm | 直径 | 25 | 30 | 30 | 40 | 40 | 50 | 50 | 60 |
| | 深度 | 45 | 50 | 55 | 60 | 60 | 70 | 80 | 75 |
| 最大倾斜角度 | | 45° | 45° | 35° | 35° | 30° | 30° | 30° | 30° |
| 电动机功率/kW | | 0.55 | 0.75 | 1.10 | 1.50 | 2.2 | 5.5 | 5.5 | 10 |
| 设备外形尺寸/mm | 前后 | 675 | 776 | 895 | 1 130 | 1 335 | 1 685 | 1 700 | 2 472 |
| | 左右 | 478 | 550 | 651 | 921 | 1 112 | 1 325 | 1 373 | 1 736 |
| | 高度 | 1 310 | 1 488 | 1 637 | 1 890 | 2 120 | 2 470 | 2 750 | 3 312 |
| 设备总重/kg | | 194 | 400 | 576 | 1 055 | 1 780 | 3 540 | 4 800 | 10 000 |

（3）冲压设备的选用

各类冲压设备的特点及应用范围如表 4-2 所示。

表 4-2　冲压设备的特点及应用范围

| 设　　备 | 特　　点 | 应用范围 |
|---|---|---|
| 曲轴压力机 | 1. 导向精度较高<br>2. 经调整后每次的行程不变<br>3. 公称压力行程较小，使用不当时，设备易于超载<br>4. 吨位相同的开式压力机的床身刚度比闭式压力机低<br>5. 便于实现自动送料 | 1. 开式压力机多用于中小型冲裁件，弯曲件或浅拉深件<br>2. 在大中型和刚度要求较高的冲压件生产中多用闭式压力机 |
| 万能液压机 | 1. 导向精度较低<br>2. 只有采用限位装置时，才能准确控制模具的闭合高度<br>3. 不易超载，能在整个行程中达到额定压力 | 大型厚板冲压件的小批生产，多用于弯曲、拉深、成形、校平等成形工序 |
| 双动拉深压力机 | 1. 模具结构简单<br>2. 压边可靠、易调 | 大型较复杂的拉深件 |
| 高速压力机 | 1. 生产效率高<br>2. 精度高 | 小型冲件的大量生产 |

| 设　　备 | 特　　点 | 应用范围 |
|---|---|---|
| 多工位自动压力机 | 一台多工位自动压力机能够代替多台单工位自动压力机，并且消除了工序间半成品的堆放和运输问题 | 形状复杂零件的大量生产 |
| 冷挤压压力机 | 1. 刚度大<br>2. 精度高 | 冷挤压件生产 |
| 精冲压力机 | 压力机除主滑块外，还有压边和反压边装置 | 精冲件生产 |

在生产过程中，选择冲压设备是一个重要的环节，它直接影响到生产效率的高低。

冲压设备类型的选择原则如下。

① 中小型冲压模具及拉深模、弯曲模应选择单柱、开式压力机。

② 大中型冲压模具应选择双柱、四柱压力机。

③ 批量大的产品自动模应选择高速压力机或多工位自动压力机。

④ 批量小且材料厚的大型冲件应选择液压机。

⑤ 校平、弯曲、整形模应选择大吨位、双柱及四柱压力机。

⑥ 冷挤压模或精冲压模具应选择专用冷挤压机及精冲专用压力机。

⑦ 覆盖件拉延模应选择双动及三动压力机。

⑧ 多孔电子仪器板件冲压模具应选择转头压力机。

冲压设备规格的选用原则如下。

① 压力机的公称压力应大于计算压力（模具冲压力）的 1.2～1.3 倍。

② 电动机功率应能满足完成此加工工序所需要的总功率大小。

③ 工作台面及滑块平面尺寸应能保证冲压模具安装牢固和正常工作，漏料孔应大于或能通过所有制件及废料。

④ 滑块行程次数应能满足最高生产效率的要求。

⑤ 设备的结构要根据工作类别及零件性质确定，应备有特殊装置和夹具，如缓冲器、顶出装置、送料及卸料装置等。

⑥ 安全性能及使用性能。压力机应保证使用时具有操作方便及安全性。

2. 冲压模具安装

（1）冲压模具的安装要求

① 压力机的吨位应大于冲压模具的工艺力，压力机的制动器、离合器及操作系统等机构的工作要正常，压力机要有足够的刚度、强度和精度。

② 冲压模具在安装过程中要注意压力机的闭合高度和模具的高度，可先将压力机的

滑块调到下止点，量出滑块底部到工作台面的高度，此高度应大于模具的高度。

③ 安装冲压模具的螺栓、螺母及压板应采用专用件，最好不要代用。用压板将下模紧固在工作台面上时，其紧固用的螺栓拧入螺孔中的长度应大于螺栓直径的 1.5～2 倍。安装压板时，应使压板的基面平行于压力机的工作台面，不准偏斜，可以用目测法及采用百分表等量具测量。

（2）冲裁模的安装方法

① 无导向冲裁模的安装。

A. 将冲裁压模具放在压力机平台中心处。

B. 松开压力机滑块螺母，用手或撬杠转动飞轮，使压力机滑块下降到与模具上模座接触，并使冲裁压模具模柄进入滑块中。

C. 将模柄紧固在滑块上。固定时，应注意使滑块两边的螺栓交错旋紧。

D. 在凹模的刃口上垫以相当于凸模、凹模单面间隙的硬纸或钢板，并使间隙均匀。

E. 间隙调整后压紧下模。

F. 开动压力机，进行试冲。

② 有导向冲裁模的安装。

A. 将闭合状态的模具放在压力机台面中心位置（调节压力机闭合高度，且应大于模具的高度）。

B. 将压力机滑块下降到最低位置，并调整到使其与上模座接触。

C. 把上模固定在滑块上，利用点动使滑块慢慢上升，让导柱、导套自由导正（导柱不能离开导套），再将下模座压紧。

D. 调整滑块位置，使其在上极点时凸模不至于逸出导板之外，或导套下降距离不应超过导柱长度的 1/3 为止。

E. 紧固时要牢固。紧固后进行试冲与调整。

F. 拉深模与弯曲模安装时，最好在凸模、凹模之间垫以试件，以便于调整间隙值

（3）弯曲模的安装方法

弯曲模在压力机上的安装方法，基本上与冲压模具在压力机上的安装方法相同，其在安装过程中的调整方法如下。

① 有导向装置的弯曲模，调整安装比较简单，上模与下模相对位置及间隙均由导向零件决定。

② 无导向装置的模具，上模、下模的位置需要用测量间隙或用垫片法来保证。如果冲压模具有对称、直壁的制件（如 U 形弯曲件），在安装模具时，可先将上模紧固到压力机滑块上，下模在工作台上暂不紧固。然后在凹模孔壁口放置与制件材料等厚的垫片，再使上模、下模吻合就能达到自动对准，且间隙均匀。待调整好闭合高度，再把下模紧固后，

即可试冲，所垫的垫片最好选用试件，这样可便于调整间隙，也避免碰坏凸模、凹模。

（4）拉深模的安装方法

在使用单柱压力机拉深时，其模具在压力机上的安装固定方法基本上与弯曲模相同。但对于带有压边圈的拉深模，应对压边力进行调整。这是因为，压边力过大易被拉裂，压边力太小又易起皱。因此，在安装模具时，应边试验、边调整，直到合适为止。对于拉深筒形零件，先将上模固定在冲床的滑块上，下模放在冲床工作台面上，先不必紧固。在安装时，可先在凹模孔上放置一个制件（试件或与制件同样厚度的垫片），再使上模、下模通过调节螺杆或飞轮使其吻合，下模可自动对准位置。在调好闭合高度后，可以将下模紧固试冲。

（5）校正、整形模的安装方法

在安装校正、整形模时，调节压力机的闭合高度需特别小心慎重。在调整时，应使上模随滑块到下止点位置时，既能压实制件，又不发生硬性冲击或"卡住"现象。因此，在对上模在压力机上的上下位置进行粗略调整后，在凸模、凹模的上、下平面之间垫入一块等于或略厚于毛坯厚度的垫片，用调节压力机连杆长度的方法，用手搬动飞轮（或用微动按钮），直到使滑块能正常地通过下止点而无阻滞或卡住的现象为止。这样就可以固定下模，取出垫片进行试冲。试冲合格后，再将紧固件拧紧。

3. 安装冲压模具注意事项

① 安装冲压模具的压力机必须有足够的刚度、强度和精度。在冲压模具安装前，需将压力机预先调整好，即应仔细检查制动器、离合器及压力机操纵机构的工作部分是否正常。检查方法是先踩脚踏板或按手柄，如果滑块有不正常的连冲现象，应在故障排除后再安装冲压模具。

② 冲压模具安装固定时应采用专用压板和螺钉、螺母、压块，不可用替代品。要将模具底面及工作台面擦拭干净，不准有废屑、废渣。

③ 用压块将下模紧固在工作台面上时，其紧固用的螺栓拧入螺孔中的长度应不小于螺栓直径的 1.5～2 倍，压块的位置应平行于下台面，不能偏斜。

④ 在冲压模具安装后调整冲压模具时，凸模进入凹模的深度不能超过 0.8 mm（冲裁厚度在 2 mm 以下）；对于硬质合金制成的凸模、凹模，不应超过 0.5 mm。对于拉深模，调整时可以用试件先套入凸模上，当其全部进入凹模内，才能将下模固定，以防将冲压模具损坏，其试件的厚度最好等于制件厚度 1.2～1.4 倍。

⑤ 安装后的冲压模具，所有凸模中心线都应与凹模平面保持垂直，否则会使刃口啃坏。

⑥ 冲压模具在使用一段时间后，应定期进行检查，刃磨刃口。每次刃磨时的刃磨量不应太大，一般可为 0.05～0.10 mm。刃磨后，应用油石进行修整。

⑦ 冲压模具在使用过程中，应经常对其导柱、导套进行润滑。

⑧ 冲压用料或半成品坯件应清洗干净。在工作时对于冲压模具所用的板料可进行少

许润滑，以减少磨损。

⑨ 冲压时应防止叠片冲压，以避免损坏冲压模具。

⑩ 在冲压过程中，随时要停机检查，并用放大镜检查刃口状况，若发现有微小裂纹或啃刃，应停机维修。

4．卸模注意事项

① 卸模时，在上模、下模之间垫以木块，使卸料弹簧处于不受力状态。

② 在滑块上升前，应先用锤子敲打一下上模座，以避免上模随滑块上升后又重新落下，损坏冲压模具刃口。

③ 在整个卸模过程中，应注意操作安全，尽量停止电动机转动，以防发生事故。

④ 卸下的冲压模具应及时完整地交回模具库或指定地点存放。

5．冲压设备安全操作

① 工作前要认真校好模具，冲床刹车不灵，冲头连冲，则严禁使用。

② 操作时，思想应高度集中，不允许一边与人谈话一边进行操作。

③ 安装模具时必须将压力机的电气开关调到手动位置，然后将滑块开到下止点，高度必须正确；严禁使用脚踏开关。

④ 严禁将手伸进工作区送料取工件，小工件冲压要用辅助工具。

⑤ 冲床脚踏开关上方应有防护罩，冲完一次脚应离开开关。

⑥ 工具材料不要靠在机床上，防止掉落引起开关动作。

⑦ 工作时应穿戴好防护用品（工作服、眼镜、手套）。

⑧ 注意调整机床设备各部间隙，安全装置应完好无损，皮带罩、齿轮罩齐全。

⑨ 下班前擦好机床，工作部位涂润滑油。

⑩ 机床发生故障，应立即报告有关人员查明原因，排除故障，严禁擅自处理。

**任务实施**

1．冲压模具安装前的准备

（1）熟悉冲压模具

冲压模具包括熟悉的冲压件图、冲压工艺、冲压模具结构（冲孔模如图 2-1 所示）及动作原理、冲压模具安装方法等。

（2）检查冲压模具安装条件

① 模具的闭合高度是否与压力机相适应。

② 压力机的公称压力是否满足冲压模具工艺力的要求。

③ 冲压模具的安装槽（孔）位置是否与压力机一致。

④ 顶杆直径及长度和下模座的顶杆位置是否与压力机相适应。

⑤ 推料杆的长度与直径是否与压力机上的推料机构相适应。

（3）检查压力机的技术状态

① 检查压力机的刹车、离合器及操作机构是否工作正常。

② 检查压力机上的推料螺钉，并将其调整到适当位置，以免调节滑块的闭合高度时顶弯或顶断压力机上的推料机构。

③ 检查压力机上的压缩空气垫的操作是否灵活可靠。

（4）检查冲压模具

① 根据冲压模具图样检查冲压模具零件是否齐全。

② 了解冲压模具对调整与试冲有无特殊要求。

③ 检查冲压模具表面是否符合技术要求。

④ 根据冲压模具结构，应预先考虑试冲程序及前后相关联的工序。

⑤ 检查工作部分、定位部分是否符合图样要求。

2. 冲压模具的安装

（1）在单动压力机上安装冲压模具

① 开动压力机，使压力机滑块上升到上止点。

② 清理压力机滑块底面、压力机台面和冲压模具上下面的一切杂物并擦拭干净。

③ 把模具吊装到压力机台面规定的位置上，用压力机行程尺检查压力机滑块底面至冲压模具上平面之间距离是否大于压力机行程。必要时，调节滑块高度，以保证该距离大于压力机行程。如果模具有托杆（拉深模、成型模顶出缓冲系统），则应先按图样位置将其插入压力机台面的孔内，并把模具位置摆正。

④ 将滑块降到下止点，并调节滑块高度，使其与冲压模具上平面慢慢接触。

⑤ 用螺钉将上模紧固在压力机上，并将下模初步固定在压力机台面上（不拧紧螺钉）。

⑥ 将滑块稍往上调一点（以免冲压模具顶死），然后开动压力机，使滑块上升到上止点，松开下模的安装螺栓，让滑块空行程数次，再把滑块降到下止点停止。

⑦ 拧紧下模的安装螺栓（对称交错进行），再开动压力机使滑块上升到上止点位置。

⑧ 在导柱上加润滑油，并检查冲压模具工作部分有无异物。然后开动压力机，再使滑块空行程运行数次，检查导柱、导套配合情况。若发现导柱不垂直或与导套配合不合适时，应拆下冲压模具进行修理。

⑨ 调节压力机上的推料螺栓到适当高度，使推料杆能正常工作。如果冲压模具使用气垫，则应调节压缩空气到合适的压力。

⑩ 检查模具及压力机，确认无误后方可进行试冲，并逐步调节滑块到所需的高度。

（2）在双动压力机上安装冲压模具

① 检查双动拉深模有关安装尺寸（内、外闭合高度，安装孔及安装槽位置），并选定安装用的垫板。

② 调节压力机内、外滑块到最高点，并将内、外滑块停于上止点。

③ 将冲压模具置于压力机工作台面的中心位置。

④ 把滑块降到下止点，开动内滑块调节电动机，使内滑块下降至与凸模固定座相接触，对准安装槽孔，将凸模固定座用螺钉固定在内滑块垫板上。

⑤ 开动压力机，使滑块及凸模上升并停于上止点位置。

⑥ 将冲压模具从台面上拉出，将外滑块的垫板放在压边圈上，用螺钉将其与压边圈初步连接上，然后再将冲压模具移到台面中心位置。

⑦ 卸下外滑块垫板与压边圈连接螺钉，开动压力机使其空行程运行数次，并使外滑块垫板处于正确位置。

⑧ 安装压边圈，放掉平衡汽缸里的压缩空气，调节外滑块的高度，使外滑块与垫板接触，用螺钉将外滑块、外滑块垫板和压边圈连接紧固；然后，向平衡汽缸里送压缩空气。

⑨ 用螺钉将凹模初步固定在工作台垫板上（先不拧紧螺钉）。

⑩ 开动压力机试转动，正常后拧紧凹模的固定螺钉。检查模具及压力机各部位是否正常，确认无误后可开动压力机试模。

 **任务考核**

如表 4-3 所示为冲孔模安装考核评价表。

表 4-3  冲孔模安装考核评价表

| 序号 | 实施项目 | 考核要求 | 配分 | 评分标准 | 得分 |
|------|----------|----------|------|----------|------|
| 1 | 冲孔模安装前的准备 | 熟悉冲孔模，检查冲压模具安装条件，检查压力机的技术状态，检查冲压模具 | 10 | 熟悉模具、压力机结构 | |
| 2 | 开动压力机、清理压力机滑块底面 | 滑块至下止点，清理安装表面 | 10 | 操作熟练、目的明确、保证安全 | |
| 3 | 检查压力机滑块底面至冲压模具上平面之间距离是否大于压力机行程 | 保证滑块底面至冲孔模上平面之间距离大于压力机行程 | 10 | 操作熟练、目的明确、保证安全 | |
| 4 | 滑块降到下止点 | 调节滑块高度，使其与冲孔模上平面接触 | 10 | 操作熟练、目的明确、保证安全 | |
| 5 | 紧固上模，初步固定下模 | 上模紧固，下模初步固定在压力机台面上 | 10 | 操作熟练、目的明确、保证安全 | |

续表

| 序号 | 实施项目 | 考核要求 | 配分 | 评分标准 | 得分 |
|---|---|---|---|---|---|
| 6 | 开动压力机调整滑块上、下止点位置 | 将滑块稍往上调一点（以免冲压模具顶死），然后开动压力机，使滑块上升到上止点，松开下模的安装螺栓，让滑块空行程数次，再把滑块降到下止点停止 | 10 | 操作熟练、目的明确、保证安全 | |
| 7 | 固定下模 | 下模安装紧固，位置正确 | 10 | 操作熟练、目的明确、保证安全 | |
| 8 | 润滑、调试 | 在导柱上加润滑油，检查导柱、导套配合完好 | 10 | 操作熟练、目的明确、保证安全 | |
| 9 | 调节压力机上的推料螺栓到适当高度，如果冲压模具使用气垫，则应调节压缩空气到合适的压力 | 推料杆能正常工作；如果冲压模具使用气垫，则应调节压缩空气到合适的压力 | 10 | 操作熟练、目的明确、保证安全 | |
| 10 | 检查模具及压力机，试冲 | 检查模具及压力机；试冲时，调节滑块到所需的高度为止 | 10 | 操作熟练、目的明确、保证安全 | |

# 任务2　冲压模具的调试

 任务引入

　　本任务主要介绍冲压模具的调试。冲压模具安装后要进行试冲和试模，并对冲制件进行严格的检查。这是因为在通常情况，仅按照图样加工和装配好的冲压模具还不能完全满足成品冲压模具的要求。产品（冲压件）设计、冲压工艺、冲压模具设计直到冲压模具制造，任何一个环节的缺陷，都将在冲压模具调试中得到反映，都会影响冲压模具的质量要求。因此，必须对模具进行调试，根据试件中发现的问题，分析产生的原因并设法加以解决，以保证冲压模具能冲出合格的冲压件。

　　通过本任务的学习，基本掌握各类冲压模具的调试工艺，并熟悉冲压模具调试方法与技术要求，具有独立完成冲压模具的调试和分析、处理问题的能力。

 **任务分析**

根据任务描述可以看出，冲压模具的调试有四个方面：一是调试的目的，包括检查模具的质量和取得制件成型的基本工艺参数，为正常生产打好基础；二是对产品精度的调整，在调试过程中，会产生各种缺陷，这就要求我们根据缺陷产生的原因加以分析并设法解决，以保证产品的质量；三是对调试过程中各种异常情况进行分析，如需要对模具进行修整，要提出合理的建议，并说明原因；四是对试冲材料的要求，试冲材料必须符合技术规定的要求，不能随便用其他材料代替，在选择时应考虑到材料的尺寸、硬度、韧性等。

在调试过程中应注意保证凸模、凹模刃口及间隙，以及定位、卸料、退件装置的位置。在弯曲模调试中还应注意保证上模、下模在压力机上的相对位置。拉深模调试中应注意调整拉深深度。

 **相关知识**

1. 冲压模具调试

模具的试冲与调整简称为调试。冲压模具在压力机上安装后，要通过试冲对制件的质量和模具的性能进行综合考查和检测。对在试冲中出现的各类问题要进行全面、认真的分析，找出产生的原因，并对冲压模具进行适当的调整与修正，以最终得到质量合格的制件。

2. 调试的目的与内容

（1）调试的目的

① 发现模具设计及制造中存在的问题，以便对原设计、加工与装配中的工艺缺陷加以改进和修正，制出合格的制件。

② 通过试模与调整，能初步提供产品的成型条件及工艺规程。

③ 试模及调整后，可以确定前一道工序毛坯的准确尺寸。

④ 验证模具质量及精度，作为交付生产的依据。

（2）调试的内容

① 将模具安装在指定的压力机上。

② 用指定的坯料（及板料）在模具上试冲出制件。

③ 检查成品的质量，并分析其质量缺陷、产生原因，设法修整解决后，试冲出一批完全符合图样要求的合格制件。

④ 排除影响生产、安全、质量和操作的各种不利因素。

⑤ 根据设计要求，确定模具上某些需经试验后才能决定的工作尺寸（如拉深模首次

落料坯料尺寸），并修正这些尺寸，直到符合要求为止。

⑥ 经试模后，制定制件生产的工艺规范。

（3）调试的注意事项

① 试模材料的性能与牌号、试件坯料厚度均应符合图样要求。

② 冲压模具用的试模材料的宽度应符合工艺图样要求。若是连续模，其试模材料的宽度要比导板间距离小 0.10～0.15 mm。

③ 试模用的条料，在长度方向上一定要保证平直。

④ 模具在所需要的设备上试模，一定要紧固，不可松动。

⑤ 在试模前，首先要对模具进行一次全面检查，检查无误后，才能安装于机器上。

⑥ 模具各活动部位在试模前或试模中要加润滑油。

⑦ 试模使用的压力机、液压机一定要符合要求。

（4）冲压模具调试的技术要求

① 调试技术要求。

A. 模具外观。各种冷冲压模具在装配后，应经外观和空载检验合格后才能进行试模。检验时，应按冲压模具技术条件要求进行。

B. 试模材料。试冲材料必须经过检验，并符合技术要求。冲裁模允许用材料相近、厚度相同的材料代用；大型冲压模的局部试冲，允许用小块材料代用；其他试冲材料的代用，需经用户同意。

C. 试冲设备。试冲设备必须符合工艺规定，设备精度必须符合有关标准规定要求。

D. 试冲最少数量。小型模具≥50 件；硅钢片≥200 件；自动冲压模具连续时间≥3 分钟；贵重金属材料试冲数量根据具体情况而定。试冲件数无规定时，每一工序不少于 3～10 个。

E. 冲件质量。冲件断面应均匀，不允许有夹层及局部脱落和裂纹现象。试模毛刺不得超过规定数值；尺寸公差及表面质量应符合图样要求。

F. 入库。模具入库时，应附带检验合格证。

② 冲裁模允许的毛刺值（如表 4-4 所示）。

表 4-4　冲裁模允许的毛刺值

| 材料抗拉强度/MPa | | 材料厚度 $t$ | | | | | |
|---|---|---|---|---|---|---|---|
| | | ≤0.4 | >0.4～0.63 | >0.6～1.00 | >1.00～1.66 | >1.60～2.50 | >2.50 |
| ≤250 | 1 | 0.03 | 0.04 | 0.04 | 0.05 | 0.07 | 0.10 |
| | 2 | 0.04 | 0.05 | 0.06 | 0.07 | 0.10 | 0.14 |
| >250～400 | 1 | 0.02 | 0.03 | 0.04 | 0.04 | 0.07 | 0.09 |
| | 2 | 0.03 | 0.04 | 0.05 | 0.06 | 0.09 | 0.12 |

续表

| 材料抗拉强度/MPa | | 材料厚度 t | | | | | |
|---|---|---|---|---|---|---|---|
| | | ≤0.4 | >0.4～0.63 | >0.6～1.00 | >1.00～1.66 | >1.60～2.50 | >2.50 |
| >400～630 | 1 | 0.02 | 0.03 | 0.04 | 0.04 | 0.06 | 0.07 |
| | 2 | 0.03 | 0.04 | 0.05 | 0.06 | 0.08 | 0.10 |
| >630 | 1 | 0.01 | 0.02 | 0.03 | 0.04 | 0.05 | 0.07 |
| | 2 | 0.02 | 0.03 | 0.04 | 0.05 | 0.07 | 0.09 |

③ 凸模进入凹模的深度。在安装过程中，冲裁厚度小于 2 mm 时，凸模进入凹模的深度不应超过 0.8 mm。硬质合金模具不超过 0.5 mm。拉深模及弯曲模应采用试冲方法，确定凸模进入凹模的深度。具体操作方法是：弯曲模试冲时，可将样件放在凸模、凹模之间，借助试件确定凸模进入凹模的深度；拉深模在调试时，可先将试件套入凸模上，当其全部进入凹模内，即可将其固定。试件的壁厚应大于被冲制件的厚度。

④ 凸模与凹模的相对位置。冲压模具安装后，凸模的中心线与凹模工作平面应垂直；凸模与凹模间隙应均匀。可以利用 90°角尺测量和利用塞块或试件进行检查。

 任务实施

1. 冲裁模的调试

(1) 凸模、凹模配合深度调整

冲裁模的上模、下模要有良好的配合，即应保证上模、下模的工作零件（凸模、凹模）相互咬合深度适中，不能太深与太浅，应以能冲出合适的零件为准。凸模、凹模的配合深度，是依靠调节压力机连杆长度来实现的。

(2) 凸模、凹模间隙调整

冲裁模的凸模、凹模间隙要均匀。对于有导向零件的冲压模具，其调整比较方便，只要保证导向件运动顺利而无发涩现象即可保证间隙值；对于无导向冲压模具，可以在凹模刃口周围衬以纯铜皮或硬纸板进行调整，也可以用透光及塞尺测试等方法在压力机上调整，直到上模、下模的凸模、凹模互相对中，且间隙均匀后，用螺钉将冲压模具紧固在压力机上，进行试冲。试冲后检查一下试冲的零件，看是否有明显毛刺，并判断断面质量，如果试冲的零件不合格，应松开下模，再按前述方法继续调整，直到间隙合适为止。

(3) 定位装置的调整

检查冲裁模的定位零件（如定位销、定位块、定位板）是否符合定位要求，定位是否可靠。假如位置不合适，在调整时应进行修整，必要时要更换。

（4）卸料系统的调整

卸料系统的调整主要包括卸料板或顶件器是否工作灵活；卸料弹簧及橡胶弹性是否足够；卸料器的运动行程是否足够；漏料孔是否畅通无阻；打料杆、推料杆是否能顺利推出制件与废料。若发现故障，应进行调整，必要时可更换。

（5）冲裁模试冲的常见缺陷、产生原因及调整方法（如表4-5所示）

表4-5　冲裁模试冲时出现的缺陷、产生原因和调整方法

| 试冲的缺陷 | 产生原因 | 调整方法 |
|---|---|---|
| 送料不通畅或料被卡死 | 1. 两导料之间的尺寸过小或有斜度<br>2. 凸模与卸料板之间的间隙过大，使搭边翻扭<br>3. 用侧刃定距的冲裁模导料板的工作面和侧刃不平行形成毛刺，使条料卡死，如下图所示<br><br>4. 侧刃与侧刃挡块不密合形成毛刺，使条料卡死，如下图所示<br> | 1. 根据情况修整或重装卸料板<br>2. 根据情况采取措施减小凸模与卸料板之间的间隙<br>3. 重装导料板<br><br><br><br><br><br>4. 修整侧刃挡块，消除间隙 |
| 卸料不正常退料下不来 | 1. 由于装配不正确，卸料机构不能动作，如卸料板与凸模配合过紧，或因卸料板倾斜而卡紧<br>2. 弹簧或橡皮的弹力不足<br>3. 凹模和下模座的漏料孔没有对正，凹模孔有倒锥度造成堵塞，料不能排出<br>4. 顶出器过短或卸料板行程不够 | 1. 修整卸料板、顶板等零件<br><br><br>2. 更换弹簧或橡皮<br>3. 修整漏料孔，修整凹模<br><br><br>4. 加长顶出器的顶出部分或加深卸料螺钉沉孔的深度 |
| 凸模、凹模的刃口相碰 | 1. 上模座、下模座、固定板、凹模、垫板等零件安装面不平行<br>2. 凸模、凹模错位<br>3. 凸模、导柱等零件安装不垂直<br>4. 导柱与导套配合间隙过大，导向不准确<br>5. 料板的孔位不正确或歪斜，使凸模位移 | 1. 修整有关零件，重装上模或下模<br>2. 重新安装凸模、凹模，使其对正<br>3. 重装凸模或导柱<br>4. 更换导柱或导套<br><br>5. 修理或更换卸料 |

续表

| 试冲的缺陷 | 产生原因 | 调整方法 |
|---|---|---|
| 凸模折断 | 1. 冲裁时产生的侧向力未抵消<br>2. 卸料板倾斜 | 1. 在模具上设置靠块抵消侧向力<br>2. 正卸料板或加凸模导向装置 |
| 凹模胀裂 | 1. 凹模孔有倒锥度现象（上口大、下口小）<br>2. 凹模内卡住工件（废料）太多 | 1. 修磨凹模孔，消除倒锥现象<br>2. 修低凹模型孔高度 |
| 冲裁件的形状和尺寸不正确 | 凸模与凹模的刃口形状及尺寸不正确 | 先将凸模和凹模的形状及尺寸修准，然后调整冲压模具的间隙 |
| 落料外形和冲孔位置不正，成偏位现象 | 1. 挡料销位置不正<br>2. 落料凸模上导正销尺寸过小<br>3. 导料板和凹模送料中心线不平行使孔偏斜<br>4. 侧刃定距不准确 | 1. 修正挡料销<br>2. 更换导正销<br>3. 修正导料板<br>4. 刃磨或更换侧刃 |
| 冲压件不平整 | 1. 落料凹模有上口大、下口小的倒锥，冲件从孔中通过时被压弯<br>2. 冲压模具结构不当，落料时无压料装置<br>3. 在连续模中，导正销与预冲孔配合过紧，工件压出凹陷<br>4. 导正销与挡料销之间距离过小，导正销使条料前移，被挡料销挡住产生弯曲 | 1. 修磨凹模孔，去除倒锥现象<br>2. 加压料装置<br>3. 修小导正销<br>4. 修小挡料销 |
| 冲裁件的毛刺较大 | 1. 刃口不锋利或刃口淬火硬度不够<br>2. 凸模、凹模配合间隙过大或间隙不均匀 | 1. 修磨工件部分刃口<br>2. 重新调整凸模、凹模间隙 |

**2. 弯曲模的调试**

（1）弯曲模上模、下模在压力机上的相对位置调整

对于有导向的弯曲模，上模、下模在压力机上的相对位置，全由导向装置来决定；对于无导向装置的弯曲模，上模、下模在压力机上的相对位置，一般采用调节压力机连杆的长度的方法调整。在调整时，最好把事先制造的样件放在模具的工作位置上（凹模型腔内），然后，调节压力机连杆，使上模随滑块调整到下极点时，既能压实样件又不发生硬性顶撞及咬死现象，此时，将下模紧固即可。

（2）凸模、凹模间隙的调整

上模、下模在压力机上的相对位置粗略调整后，再在凸模下平面与下模卸料板之间垫一块比坯料略厚的垫片（一般为弯曲坯料厚度的 $1\sim1.2$ 倍），继续调节连杆长度，反复用

手搬动飞轮，直到使滑块能正常地通过下极点而无阻滞时为止。

上模、下模的侧向间隙，可采用垫硬纸板或标准样件的方法来进行调整，以保证间隙的均匀性。间隙调整后，可将下模座固定，试冲。

（3）定位装置的调整

弯曲模定位零件的定位形状应与坯件一致。在调整时，应充分保证其定位的可靠性和稳定性。利用定位块及定位钉的弯曲模，假如试冲后，发现位置及定位不准确，应及时调整定位位置或更换定位零件。

（4）卸件装置的调整

弯曲模的卸料系统行程应足够大，卸料用弹簧或橡皮应有足够的弹力，顶出器及卸料系统应调整到动作灵活，并能顺利地卸出制件，不应有卡死及发涩现象。卸料系统作用于制件的作用力要调整均衡，以保证制件卸料后表面平整，不至于产生变形和翘曲。

在弯曲成形工艺中，由于材料回弹的影响，常使弯曲件在模具中弯成的形状与取出后的形状不一致，从而影响制件的形状和尺寸要求。影响回弹的因素较多，很难用设计计算加以消除，因此在制造模具时，常按试模时的回弹值修正凸模（或凹模）形状。为了便于修整，弯曲模的凸模和凹模多在试模合格后才进行热处理。另外，弯曲属于变形加工，有些弯曲件的毛坯尺寸要经过试验才能最后确定。所以弯曲模的试冲除了要找出模具的缺陷以便修正和调整外，另一目的就是为了最后确定制件的毛坯尺寸。由于这一工作涉及材料的变形问题，所以弯曲模的调整工作比一般冲压模具要复杂得多，其他装配过程与冲压模具相似。

（5）弯曲模在试冲时常出现的缺陷、产生的原因及调整方法（如表4-6所示）

表4-6　弯曲模试冲时出现的缺陷、产生原因及调整方法

| 试冲的缺陷 | 产生原因 | 调整方法 |
| --- | --- | --- |
| 制件的弯曲角度不够 | 1. 凸模、凹模的弯曲角制造不能克服回弹<br>2. 凸模进入凹模的深度太浅<br>3. 凸模、凹模之间的间隙过大<br>4. 校正弯曲的实际单位校正力过大 | 1. 修正凸模、凹模，使弯曲角度达到要求<br>2. 增加凹模深度，增大制件的有效变形区域<br>3. 采取措施减小凸模、凹模的配合间隙<br>4. 增大校正力或修整凸（凹）模形状，使校正力集中在变形部位 |
| 制件的弯曲位置不符合要求 | 1. 定位板位置不正确<br>2. 弯曲件两侧受力不平衡<br>3. 压料力不足 | 1. 重新移装定位板，保证其位置正确<br>2. 分析制件受力不平衡的原因并纠正<br>3. 采取措施增大压料力 |

续表

| 试冲的缺陷 | 产生原因 | 调整方法 |
|---|---|---|
| 制件尺寸过长或不足 | 1. 将材料拉长<br>2. 压力力过大，使材料伸长<br>3. 设计计算错误 | 1. 修整凸模、凹模，增大间隙值<br>2. 采取措施减少压料装置的压料力<br>3. 坯件落料尺寸在弯曲试模后确定 |
| 制件表面擦伤 | 1. 凹模圆角半径过小，表面粗糙度值过大<br>2. 润滑不良，使坯料黏附在凹模上<br>3. 凸模、凹模之间的间隙不均匀 | 1. 增大凹圆角半径，减小表面粗糙度值<br>2. 合理润滑<br>3. 修整凸模、凹模，使间隙均匀 |
| 制件弯曲部位产生裂纹 | 1. 坯料塑性差<br>2. 弯曲线与板料的纤维方向平行<br>3. 剪切断面的毛刺在弯曲的外侧 | 1. 将坯料退火后再弯曲<br>2. 改变落料排样或改变条料下料方向使弯曲线与板料纤维方向垂直<br>3. 使毛刺在弯曲的内侧，圆角带在外侧 |

### 3. 拉深模的调试

（1）进料阻力的调整

拉深模进料阻力大，易使制件被拉裂；进料阻力小，易使制件产生皱纹。故在调整拉深模时，关键是调整好拉深模进料阻力的大小，其方法如下。

① 调节压力机滑块的压力，使之正常。

② 调节压边圈的压边力。

③ 调整压料筋配合的松紧。

④ 凹模圆角半径要适中。

⑤ 必要时改变坯料的形状及尺寸。

⑥ 采用良好的润滑剂，调整润滑次数。

（2）拉深深度调整

拉深深度调整时，可把拉深深度分成 2～3 段来进行调整。先将较浅的一段调整好后，再往下调整较深的一段，直至调整到所需的拉深深度为止。

（3）拉深间隙调整

如果试模是对称或封闭式的拉深模，在调整时，可先将上模紧固在压力机滑块上模、下模放在工作台上先不紧固。在凹模内壁上放入样件，再使上模、下模吻合对中后，即可保证间隙的均匀性。调整好闭合位置后，再把下模紧固在工作台上。

（4）拉深模在试冲时常出现的缺陷、产生原因及调整方法（如表 4-7 所示）

表 4-7　拉深模试冲时出现的缺陷、产生原因及调整方法

| 试冲的缺陷 | 产生原因 | 调整方法 |
|---|---|---|
| 制件拉深高度不够 | 1. 毛坯尺寸小<br>2. 拉深间隙过大<br>3. 模圆角半径太小 | 1. 放大毛坯尺寸<br>2. 更换凸模或凹模，使间隙适当<br>3. 加大凸模圆角半径 |
| 制件拉深高度太大 | 1. 毛坯尺寸太大<br>2. 拉深间隙太小<br>3. 凸模圆角半径太大 | 1. 减小毛坯尺寸<br>2. 修整凸模、凹模，加大间隙<br>3. 减小凸模圆角半径 |
| 制件壁厚和高度不均 | 1. 凸模与凹模间隙不均匀<br>2. 定位板或档料销位置不正确<br>3. 凸模不垂直<br>4. 压边力不均匀<br>5. 凹模几何形状不正确 | 1. 调整凸模或凹模，使间隙均匀<br>2. 调整定位板及档料销位置，使之正确<br>3. 修整凸模后重装<br>4. 调整托杆长度或弹簧位置<br>5. 重新修整凹模 |
| 制件起皱 | 1. 压边力太小或不均<br>2. 凸模、凹模间隙太大<br>3. 凹模圆角半径太大<br>4. 板料塑性差 | 1. 增加压边力或调整顶件杆长度、弹性位置<br>2. 减小拉深间隙<br>3. 减小凹模圆角半径<br>4. 更换塑性好的材料 |
| 制件破裂或有裂纹 | 1. 压料力太大<br>2. 压料力不够起皱引起裂纹<br>3. 拉深间隙太小<br>4. 凹模圆角半径太小，表面粗糙<br>5. 凸模圆角半径太小<br>6. 拉深系数太小<br>7. 凸模与凹模不同轴或不垂直<br>8. 板料质量不好 | 1. 调整压料力<br>2. 调整顶杆长度或弹簧位置<br>3. 加大拉深间隙<br>4. 加大凹模圆角半径，修磨凹模圆角<br>5. 加大凸模圆角半径<br>6. 增加拉深工序加中间退火工序<br>7. 重装凸模、凹模，保证位置精度<br>8. 更换材料或增加退火工序，改善润滑条件 |
| 制件表面拉毛 | 1. 拉深间隙太小或不均匀<br>2. 凹模圆角表面太粗糙<br>3. 模具或板料不清洁<br>4. 凹模硬度太低、板料黏附作用<br>5. 润滑油中有杂质 | 1. 修整拉深间隙<br>2. 修光凹模圆角<br>3. 清洁模具及板料<br>4. 提高凹模硬度或进行镀铬及氮化处理<br>5. 更换润滑油 |
| 制件底面不平 | 1. 凸模、凹模（顶出器）无出气孔<br>2. 顶出器在冲压的最终位置时顶力不足<br>3. 材料本身存在弹性 | 1. 钻出气孔<br>2. 调整冲压模具结构，使冲压模具闭合时，顶出器处于刚性接触状态<br>3. 改变凸模、凹模和压料板形状 |

**任务考核**

如表 4-8 所示为冲压模具的调试考核评价表。

表 4-8　冲压模具的调试考核评价表

| 序号 | 实施项目 | | 考核要求 | 配分 | 评分标准 | 得分 |
|---|---|---|---|---|---|---|
| 1 | 冲裁模的调试 | 凸模、凹模配合深度调整 | 冲出合适的零件 | 10 | 操作熟练、目的明确，保证安全 | |
| | | 凸模、凹模间隙调整 | 间隙合适 | 10 | | |
| | | 定位装置的调整 | 符合定位要求 | 10 | | |
| | | 卸料系统的调整 | 卸料系统工作灵活，卸料畅通 | 10 | | |
| | | 冲裁模试冲的常见问题的处理 | 根据现象分析产生原因，找出解决方法 | 10 | | |
| 2 | 弯曲模的调试 | 弯曲模上模、下模在压力机上的相对位置调整 | 既能压实样件又不发生硬性顶撞及咬死现象 | 6 | 操作熟练、目的明确，保证安全 | |
| | | 凸模、凹模间隙的调整 | 滑块能正常地通过下死点而无阻滞 | 6 | | |
| | | 定位装置的调整 | 符合定位要求 | 6 | | |
| | | 卸件、装置的调整 | 卸料系统工作灵活，退件畅通 | 6 | | |
| | | 弯曲模试冲的常见问题的处理 | 根据现象分析产生原因，找出解决方法 | 6 | | |
| 3 | 拉深模的调试 | 进料阻力的调整 | 进料阻力合适 | 5 | 操作熟练、目的明确，保证安全 | |
| | | 拉深深度调整 | 调整到所需的拉深深度 | 5 | | |
| | | 拉深间隙调整 | 保证间隙均匀 | 5 | | |
| | | 拉深模试冲的常见问题的处理 | 根据现象分析产生原因，找出解决方法 | 5 | | |

# 项目思考与练习 4

1. 曲柄压力机的主要技术参数有哪些？冲压加工时如何选择压力机的技术参数？

2. 使用冲压设备时应遵循哪些操作规程？

3. 冲压模具在压力机上安装前应做哪些准备工作？

4. 安装冲压模具有哪些要求？

5. 卸模时应注意哪些问题？

6. 冲压模具调试主要内容有哪些？

7. 冲压模具调试中凸模与凹模的相对位置有哪些要求？

8. 拉深模进料阻力的调整方法有哪些？

# 项目 5　冲压模具的维护与修理

## 任务 1　冲压模具的维护

 **任务引入**

本任务主要介绍冲压模具的维护。冲压模具是比较精确而又复杂的工具，为保证冲压工作的顺利进行，必须精心维护和保养。通过本任务的学习，要求学生基本掌握冲压模具维护和保养的方法及工艺过程，并能对模具的常见故障进行分析、处理。

**任务分析**

模具在设计、加工、调试成功后，即可投入正常生产。对其正确使用、维护和保养，是保证连续生产高质量制品和延长模具使用寿命的重要因素。

冲压模具在使用一段时间后会出现各种故障和问题，从而影响冲压生产的正常进行，甚至造成冲压模具的破坏或发生安全事故。为了保证冲压模具安全可靠工作，必须重视模具的维护工作。模具的维护工作包括生产过程中对模具的维护，如用料要按要求，不能两块料重叠冲裁等，也包括上班前和下班后的维护。

**相关知识**

1. 模具的维护项目

模具的维护工作应贯穿在模具的使用、修理、保管各个环节中。冲压模具在工作时要承受很大的冲击力、剪切力和摩擦力，对其进行精心的维护和保养对保证正常生产的运行、提高制件质量、降低制件成本、延长冲压模具的使用寿命、改善冲压模具的技术状态非常重要。

(1) 模具使用前的准备工作

① 对照工艺文件，检查所使用的模具是否正确，规格、型号是否与工艺文件一致。

② 操作者应首先了解所用模具的使用性能、使用方法、结构特点及动作原理。

③ 检查所使用的设备是否合理，如压力机的行程、开模距等是否与所使用的模具配套。

④ 检查所用的模具是否完好，使用的材料是否合适。

⑤ 检查模具的安装是否正确，各紧固部位是否有松动现象。

⑥ 开机前，工作台上、模具上杂物是否清除干净，以防开机后损坏模具或出现安全隐患。

（2）模具使用过程中的维护

① 模具在开机后，首件必须认真检查合格后方可开始生产，若不合格则应停机检查原因。

② 遵守操作规程，防止乱放、乱碰、违规操作。

③ 模具运转时要随时检查，发现异常应立刻停机修整。

④ 要定时对模具各滑动部位进行润滑，防止野蛮操作。

（3）模具的拆卸

① 模具使用完毕后，要按正常操作程序将模具从机床上卸下，绝对不能乱拆乱卸。

② 拆卸后的模具要擦拭干净，并涂油防锈。

③ 模具吊运要稳妥，要注意慢起、轻放。

④ 选取模具工作后的最后几件检查，确定是否需要检修。

⑤ 确定模具的技术状况，使其完整及时送入指定地点。

（4）保管模具的检修养护

① 据技术鉴定状态，定期进行检修，以保证良好的技术状态。

② 按检修工艺进行。

③ 修后要进行试模，重新鉴定技术状态。

（5）模具的存放

保管存放的地点一定要通风良好、干燥。

（6）做好维修记录并保存样件（如表5-1所示）

表 5-1　模具使用及维修记录

| 模具号 | | 入库时间 | | 货架号 | |
|---|---|---|---|---|---|
| 制件名称 | | 样件数 | | 检验员 | |
| 制件号 | | 备件名称 | | 数量 | |
| 使用压力机型号及规格 | | | | 制件材料规格 | |
| 使用起止日期 | | 冲压件数 | 使用者 | 刃磨量及维修情况记录、维修要点及更换零件记录 | |
| 年　月　日至　年　月　日 | | | | | |
| 年　月　日至　年　月　日 | | | | | |
| 年　月　日至　年　月　日 | | | | | |
| 年　月　日至　年　月　日 | | | | | |
| 年　月　日至　年　月　日 | | | | | |

2．冲压模具的维护方法

（1）冲压模具的合理使用

① 正确安装和调整。

② 正确的工艺操作。

③ 正确润滑，选用润滑油和制定润滑工艺，保证冲压模具的工艺性能和延长模具寿命。

（2）冲压模具保管维护方法

① 暂时不使用的冲压模具，应及时擦拭干净并在导柱顶端的储油孔中注入润滑油，再用纸片盖上，以防灰尘或杂物落入导套，影响导向精度。

② 凸模与凹模的刃口部分以及导柱表面应涂防锈油，以防生锈。

③ 为了避免卸料装置长期受压缩而失效，在模具存放保管时必须加限位木块。

④ 冲压模具应在模具库保管。小模具可以放在架子上，按一定顺序整齐排列；大模具一般放在地上，垫上木板，以防生锈。

⑤ 冲压模具具库应干燥、通风。

⑥ 冲压模具在保管时应建立保管档案，由专人负责维护保管。

（3）冲压模具管理方法

模具的管理，最好采用卡片化管理方法。一种是一模一卡的"模具管理卡"，一种是一库一卡的"模具管理台账"。模具上有模具号，按模具种类和使用的机床分类保管。

"模具管理卡"记载以下内容：模具号和名称、制造或购入日期、制造厂家名称、制件名称、质量、草图或照片、使用的冲床、模具的使用条件、模具加工工件数量的记录、模具修理情况的记录。

"模具管理卡"一般用塑料膜袋存放，以防污损，并挂在库存保管的模具上。模具使用后，要立即填写工作日期、加工批量及其他有关事项并再挂在模具上，交库存保管。

一张"模具管理卡"对一套模具起管理作用，而使用"模具管理台账"则可对全部库存模具进行总的管理。在"模具管理台账"中，应记入模具号与模具保管地点等有关事项。

3．模具的卸模

（1）卸模方法

① 用手或撬杠转动压力机的飞轮（大型压力机应开启电源），使滑块下降，上模、下模处于完全闭合状态。

② 松开压力机上的夹紧螺母，使滑块与模柄松开。

③ 将滑块上升至上止点位置，并使其离开上模。

④ 卸开下模压紧螺栓及压块，将冲压模具移出台面。

（2）卸模注意事项

① 卸模时，在上模、下模之间最好垫以木块，使卸料弹簧处于不受力状态。

② 在滑块上升前，应先用锤子敲打一下上模座，以避免上模随滑块上升后又重新落下，损坏冲压模具刃口。

③ 在整个卸模过程中，应注意操作安全，尽量停止电动机转动，以防发生事故。

 **任务实施**

1. 模具的维护

① 冲压模具在使用前，要对照工艺文件检查所使用的模具和设备是否正确，规格、型号是否与工艺文件统一，了解冲压模具的使用性能、结构特点及作用原理，熟悉操作方法，检查冲压模具是否完好。

② 正确安装和调试冲压模具。

③ 在开机前，要检查冲压模具内外有无异物，所用毛坯、板料是否干净整洁。

④ 冲压模具在使用中，要遵守操作规程，随时检查运转情况，发现异常现象要随时进行维护性修理，并定时对冲压模具的工作表面及活动配合面进行表面润滑。

⑤ 冲压模具使用后，要按操作规程将冲压模具卸下，并擦拭干净，涂油防锈。

2. 模具的保管

① 卸下的冲压模具应及时完整地交回模具库或指定地点存放。

② 暂时不用的模具，要及时擦拭干净，送到规定的架位上存放，并在导柱顶端的储油孔中注入润滑油，再用纸盖上，以防灰尘或杂物落入导套内。

③ 凸模与凹模的刃口部位以及导柱面上，应涂一层防锈油，以防日久不用生锈。

**任务考核**

如表 5-2 所示为冲压模具的维护考核评价表。

表 5-2　冲压模具的维护考核评价表

| 序号 | 实施项目 | 考核要求 | 配分 | 评分标准 | 得分 |
|------|----------|----------|------|----------|------|
| 1 | 模具的维护项目 | 了解模具的维护项目 | 40 | 目的明确 | |
| 2 | 冲压模具的维护方法 | 掌握冲压模具的维护方法 | 40 | 目的明确 | |
| 3 | 模具的保管 | 了解模具的保管要求 | 20 | 目的明确 | |

# 任务 2　冲压模具的修理

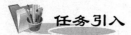

## 任务引入

本任务主要介绍冲压模具的修理。通过本任务的学习，要求学生基本掌握冲压模具的修理方法及工艺过程，并能对模具的常见故障进行分析、处理。

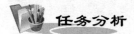

## 任务分析

冲压模具的修理，首先对不合格产品和生产模具进行初步的分析，熟悉和了解整副模具工作时的动作和各个零件在装配图中的位置、作用及配合关系，找出模具大致损坏和失效的部位，然后分解模具，进行全面检测，找出具体原因，进行工艺分析，明确维修对象和目的，确定维修方案，制定维修工艺，利用各种修复方法修理或更换受损零件。在装配时，对需修理的零、部件，应按照原来的装配关系，留一定的修正余量，并按先后次序进行调整、修正、配合，最后经总装及试模合格，从而完成整副模具的修理。

## 相关知识

1. 冲压模具的修理

在生产中，冲压模具损坏修理分为随机故障修理和翻修，即在工作过程中，对随机出现的毛病，在压力机上随机处理和卸下冲压模具进行翻修。采用随机故障修理还是翻修要视冲压模具损坏的程度。冲压模具损坏的原因很多，主要有以下几个方面。

（1）冲压模具零件的自然损坏

在生产中，由于冲压模具在极短的时间内承受很大的冲击力和摩擦力，使相互接触的冲压模具零件造成磨损，或使固定件由于激烈振动而松动，这种现象称为冲压模具零件的自然损坏。冲压模具零件的自然损坏在以下几个方面比较突出。

① 导向零件损坏。

② 定位销、挡料块及导料销磨损。

③ 凸模、凹模间隙增大。

④ 凸模、凹模的刃口变钝；由于冲压模具的长期振动，模柄松动。

⑤ 凸模固定板上的固定连接松动。

（2）冲压模具制造方面的原因

冲压模具制造工艺不合理，也是冲压模具损坏而需要修理的原因，主要表现在以下几个方面。

① 制造冲压模具零件的材料牌号不对。

② 冲压模具零件热处理工艺规范不正确、淬火后硬度不够。

③ 安装误差大，冲压模具装配后，凸模、凹模中心线不重合；导向零件刚度不够。

④ 凸模、凹模加工后有倒锥。

（3）冲压模具在安装、使用方面的原因

冲压模具在冲床上安装不合理，使用时违反操作规程，也是冲压模具损坏而需要修理的原因，主要表现在以下几个方面。

① 安装冲压模具时由于清理不彻底，座与冲床台面之间留有废料，造成冲压模具与台面倾斜，致使上下模配合部位相"啃"；冲压模具装配后，凸模深入凹模的部位太深，增大了模具的承受压力。

② 安装冲压模具时，冲床滑块中心与凸模的中心不重合，影响冲床精度，致使模具精度降低。

③ 在冲压生产中，操作者粗心大意，如一次冲裁误冲两个毛坯，或冲压模具工作中送、取料装置失灵，也会造成模具的损坏。

另外，冲床发生故障，如操纵机构失灵等也会损坏模具。

2. 冲压模具的检修

冲压模具在使用过程中，如果发现主要部件损坏或失去使用精度时，应进行全面检修。

（1）冲压模具检修原则

① 冲压模具零件的更换，一定要符合原图样规定的材料牌号和各项技术要求。

② 检修后的冲压模具一定要进行试冲和调整，直到冲出合格的制件后，方可交付使用。

（2）冲压模具检修步骤

① 冲压模具检修前要用汽油或清洗剂清洗干净。

② 对清洗后的冲压模具，按原图样的技术要求检查损坏部位的损坏情况。

③ 根据检查结果编制修理方案卡片，卡片上应记载如下内容：冲压模具名称、模具号、使用时间、冲压模具检修原因及检修前的制件质量、检查结果及主要损坏部位、修理方法及修理后能达到的性能要求。

④ 按修理方案卡片上规定的修理方案拆卸损坏部位。拆卸时，可以不拆的尽量不拆，以减少重新装配时的调整和研配工作。

⑤ 将拆下的损坏零部件按修理卡片进行修理。

⑥ 安装调整。

⑦ 对重新调整后的冲压模具试冲，检查故障是否排除，制件质量是否合格，直至故障完全排除并冲出合格制件后，方能交付使用。

关于零件的更换、维修，除应按零件图样加工成形外，还必须根据零件在模具中的配合关系做相应的调整和修正，因为模具在使用一段时间后，会有一定的磨损和变形，这也是修理和新制的不同之处。对于复杂的成形零件，当局部严重损伤、磨损、变形失效后，如果进行整件更换，则费时、费工，尤其是在维修周期不允许的情况下，则需进行局部修理。对结构设计不合理或工艺性不好的成形零件，需改变结构及改善工艺性能，对部分损坏磨损和变形失效的零件要进行更换、修补和镶拼，正确地选择加工基准、加工方式、加工余量和装配修正量，拟定修理步骤，合理划分工序，对于需更换的零件，可根据零件图编制数控加工程序，如有原始加工程序，亦可沿用原程序。

### 3. 模具的拆卸与复原

（1）模具的拆卸

在拆卸模具时，一般应遵循下列原则。

① 模具的拆卸工作，应按照各模具的具体结构，预先考虑好拆卸程序。如果先后倒置或贪图省事而猛拆猛敲，就极易造成零件损伤或变形，严重时还将导致模具难以装配复原。

② 模具的拆卸程序一般应先拆外部附件，然后才拆主体部件。在拆卸部件或组合件时，应按从外部拆到内部、从上部拆到下部的顺序，依次拆卸组合件或零件。

③ 拆卸时，使用的工具必须保证对合格零件不会发生损伤，应尽量使用专用工具，严禁用钢锤直接在零件的工作表面上敲击。

④ 拆卸时，对容易产生位移而又无定位的零件，应做好标记，各零件的安装方向也需辨别清楚，并做好相应标记，以免在装配复原时浪费时间。

⑤ 对于精密的模具零件，如凸模、凹模和型芯等，应放在专用的盆内或单独存放，以防碰伤工件的工作部位。

⑥ 拆下的零件应尽快清洗，以免生锈腐蚀，最好涂上润滑油。

（2）模具的装配复原

模具装配复原的过程主要取决于模具的结构类型，一般与模具拆卸的顺序相反。模具的装配复原应在模具测绘所形成的模具装配图的基础上进行，并且在模具装配复原的过程中，要不断地修正模具装配图上的错误。

一般模具装配复原程序大致如下。

① 先装模具的工作零件如凸模、凹模等，一般情况下，先装下模部分比较方便。

② 装配推料或卸料零部件。

③ 在各模板上装入销钉并拧紧螺钉。

④ 总装其他零部件。

4．冲压模具修理工艺

（1）分析修理原因

① 熟悉模具图样，掌握其结构特点及动作原理。

② 根据制件情况，分析模具需维修的原因。

③ 确定模具需维修的部位，观察其损坏情况。

（2）制订修理方案

① 制订修理方案，确定修理方法，即确定出模具大修或小修方案。

② 制定修理工艺。

③ 根据修理工艺，准备必要的修理专用工具及备件。

（3）对模具进行检查，拆卸损坏部位

① 清洗零件，并核查修理原因及进行制订损坏零件的修配方案，使其达到原设计要求。

② 更换修配后的零件，重新装配模具。

（4）试模与验证。

① 修配后的模具用相应的设备进行试模与调整。

② 根据试件进行检查，确定修配后的模具质量状况。

③ 根据试冲制件情况，检查修配后是否将原故障排除。

④ 确定修配合格的模具，打刻印，入库存放。

5．冲压模具典型零件的修理

（1）定位零件的修理

冲压模具的定位零件，对于冲裁质量有很大的影响。定位零件定位正确，则制件的质量及精度就高。定位钉及导正销磨损后，需更换新件，重新调整后再使用。定位板由于紧固螺钉或销钉松动使定位不准确时，可调整紧固螺钉及销钉，使其定位准确；若定位销孔因磨损逐渐变大或变形，要用扩孔法，用直径大点儿的钻头扩孔后，再修整其定位位置。而对于级进模中的导料板及侧刃挡块，长期磨损或受到条料的冲击，使位置发生变化，影响冲裁质量时，可将其从冲压模具上卸下进行检查。如发现挡块松动，可以重新调整紧固；如导料板磨损，应在磨床上磨平并调整位置后继续使用；如局部磨损，则可补焊后磨平继续使用。

（2）导向零件的修理

冲压模具的导向零件主要是导柱、导套。这类零件经长期使用后会造成磨损使导向间隙变大，在受到冲击和振动后松动也会导致导向精度降低，失去导向作用，致使在冲压模具继续使用时，凸模、凹模啃刃或崩裂，造成冲压模具的损坏，其修配方法如下。

① 导柱、导套从冲压模具上卸下，磨光表面和内孔，使粗糙度降低。

② 对导柱镀铬。

③ 镀铬后的导柱与研磨后的导套相配合，并进行研磨，使之恢复到原来的配合精度。

④ 将研磨后的导柱、导套抹一层薄机油，使导柱插入导套孔中，这时用手转动或上下移动，不觉得发涩或过松时即为合适。

⑤ 将导柱压入下模座，压入时需将上模、下模座合在一起，使导柱通过上模座再压入下模座中，并用角度尺测量以保证垂直于模板，不得歪斜。

⑥ 用角度尺检查后，将上模座和下模座合拢，用手感检查配合质量。若导柱导套磨损太厉害而无法镀铬修理时，则应更换新的备件重新装配。

（3）工作零件的修理

当凸模、凹模刃口变钝，使制件剪切面上产生毛刺而影响制件质量，需要修磨。刃磨方法有以下两种。

① 凸模、凹模刃口磨损较小时，为了防止冲压模具拆卸影响圆柱销与销孔的配合精度，一般不必将凸模卸下，可用几种不同规格的油石加煤油直接在刃口面上顺一个方向来回研磨，直到刃口光滑锋利为止。

② 凸模、凹模刃口磨损较大或有崩裂现象时，应拆卸凸模、凹模，用平面磨床磨削。

修理的方法应根据生产数量、制件的精度要求及凸模、凹模的结构特点来确定。

① 挤胀法修整刃口。对于生产量较小、制件厚度又较薄的薄料凹模，由于刃口长期使用及刃磨，其间隙变大。这时可采用挤胀的方法使刃口附近的金属向刃口边缘移动，从而减小凹模孔的尺寸，达到减小间隙的目的，如图5-1所示。采用挤胀法修理冲压模具刃口，一般先加热后敲击，这样才可使金属的变形层较宽较深，冲压模具修理后的耐用度才能更长些。

② 镶拼法修理刃口。当冲压模具的凸模、凹模损坏而无法使用时，可以用与凸模、凹模相同的材料，在损伤部位镶以镶块，然后再修整到原来的刃口形状或间隙值，如图5-2所示。

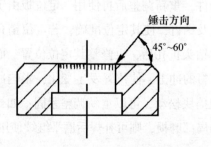

图 5-1　挤胀法修理间隙变大了的刃口　　　　图 5-2　镶拼法修理凸模、凹模刃口

③ 焊接法修理刃口。对于大中型冲压模具，在工作中刃口可能由于某种原因被损坏、崩刃，甚至局部裂开，假如损伤不大，可以利用平面磨床磨去后继续使用。当损坏较严重时，应采用焊补法修理。首先将损坏部位切掉，用和其材料相同的焊条在破损部位进行焊补，然后进行表面退火，再按图样要求加工成形以达到尺寸精度要求。

④ 镶外框法修理凹模。对于凹模孔形状较为复杂且体积较小的凹模，当发现凹模孔边缘有裂纹时，可按图5-3所示的镶外框法对其加固、紧箍后继续使用。

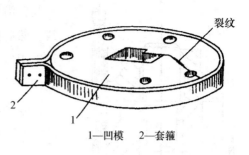

⑤ 细小凸模的更换。在冲压模具中，直径很细的凸模在冲压时很容易被折断。这种凸模折断后，一般都用新凸模进行更换。

1—凹模　2—套箍

图 5-3　镶外框法修理裂纹凹模

（4）紧固零件的修理

冲压模具中螺纹孔和销孔可采用以下几种方法进行修理。

① 扩孔法。将损坏的螺纹孔或销孔改成直径较大的螺纹孔或销孔，然后重新选用相应的螺钉或销钉，如图5-4所示。

② 镶拼法。将损坏的螺纹孔或销孔扩大成圆柱孔，镶嵌入柱塞，然后再重新按原位置、原大小加工螺纹孔或销孔，如图5-5所示。

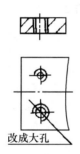

图 5-4　扩孔法修理螺纹孔

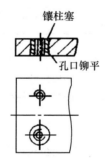

图 5-5　镶拼法修理螺纹孔

（5）备件的配作方法

冲压模具零件由于磨损或裂损不可修时，更换备件可以有效地节省时间。其备件一般都采用配作的方法使其在尺寸精度、几何形状和力学性能方面同原来的完全一样。配作方法有以下几种。

① 压印配作法。先把备件坯料的各部分尺寸按图样进行粗加工，并磨光上、下表面；按照模具底座、固定板或原来的冲压模具零件把螺钉孔和销孔一次加工到尺寸；把备料坯件紧固在冲压模具上后，可用铜锤锤击或用手扳压力机进行压印，压印后卸下坯料，按刀痕进行锉修加工；把坯料装入冲压模具中，进行第二次压印及锉修；反复压印锉修，直到合适为止。

② 划印配作法。可以用原来的冲压模具零件划印，即利用废损的工件与坯件夹紧在

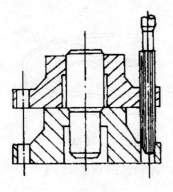

**图 5-6　芯棒定位制造备件**

一起，沿其刃口在坯件上划出一个带有加工余量的刃口轮廓线，然后按这条轮廓线加工，最后用压印法来修整成型；也可以用压制的合格制件划印，即用原冲制的零件，在毛坯上划印，然后锉修、压印成形。

③ 芯棒定位加工。加工带有圆孔的冲压模具备件，可以用芯棒来加工定位，使其与原模保持同心，再加工其他部位，如图 5-6 所示。

④ 定位销定位加工。在加工非圆形孔时，可以用定位销定位后按原模配作加工。

⑤ 线切割加工。销孔、工作孔可以用线切割的方法加工。

**任务实施**

1．冲压模具常见故障及修理方法

表 5-3 为冲压模具常见故障及修理方法。

**表 5-3　冲压模具常见故障及修理方法**

| 故障现象 | 产生原因 | 修理方法 |
|---|---|---|
| 制品的外形及尺寸发生变化 | 1. 凸模与凹模尺寸发生变化或凹模刃口被啃坏，凸模、凹模损坏了某部位<br><br>2. 定位销，定位板被磨损，不起定位作用<br><br>3. 在剪切模或冲孔模中，压抖板不起作用而使制品受力引起弹性跳起<br>4. 条料没有送到规定位置或条料太窄，在导板内发生移动 | 1. 制品外形尺寸变大，可卸下凹模，将其更换或采用挤捻，嵌镶，堆焊等方法修配，制品内孔变小，可以用同样的方法修配<br>2. 检查原因，重新更换新的定位零件或仔细调整位置继续使用<br>3. 修理承压板或压料橡皮，使其压紧坯料后进行冲裁<br>4. 改善工艺条件，按规定的工艺制度严格执行 |
| 制品内孔与外形尺寸相对位置发生变化 | 1. 凸模与凹模由于长期使用紧固零件或固紧方式变化发生位置移动<br>2. 在连续模中，侧刃长期被磨损而尺寸变小<br>3. 导钉位置发生变化或两个导钉定位时，导钉由于受力后发生扭转，使定位，导向不准<br>4. 定位零件失灵 | 1. 固紧凸模、凹模或重新安装，保证原来精度及间隙值<br>2. 侧刃长度应与步距尺寸相等，当变小时，应更新侧刃凸模<br>3. 更换导钉，调好位置<br><br>4. 重新更换，安装定位零件 |

续表

| 故障现象 | 产生原因 | 修理方法 |
|---|---|---|
| 制品产生了毛刺，而且越来越大 | 1. 凸模、凹模刃口变钝，局部磨损及破裂<br>2. 凸模、凹模硬度太低，长期磨损刃口变钝<br>3. 凸模、凹模间隙不均匀<br>4. 凸模、凹模相互位置变化，造成单边间隙增大<br>5. 凹模刃口做成倒锥形<br>6. 拼块凹模拼合不紧密，配合面有缝隙存在<br>7. 凸模、凹模局部刃口被啃坏或产生凹坑及印痕<br>8. 搭边值小，模具设计不合理 | 1. 刃磨刃口，使其变锋利<br>2. 更换新的凸模、凹模零件<br>3. 调整导柱，导套配合间隙，把凸模、凹模间隙调匀<br>4. 调整间隙及凸模、凹模相对位置，并紧固螺钉<br>5. 修磨刃口或更换新的凸模、凹模<br>6. 检查拼块拼合状况，若发现松动产生缝隙应重新镶拼<br>7. 更换凸模、凹模，或在平面磨床刃磨刃口平面<br>8. 加大搭边值 |
| 制品表面越来越不平 | 1. 压料板失灵，制品冲压时翘起<br>2. 卸料板磨损后与凸模间隙变大，在卸料时易使制品单面及四角带入卸料孔内，使制品发生弯曲变形<br>3. 凹模呈倒锥<br>4. 条料本身不平 | 1. 调整及更换压料板，使之压力均匀（0.5 mm 板料可以用橡皮压料）<br>2. 重新浇注（低熔点合金）卸料孔，始终与凸模保持适当间隙值<br>3. 更换凹模或进行修整<br>4. 更换条料 |
| 工件制品与废料卸料困难 | 1. 复合模中顶杆，打料杆弯曲变形<br>2. 卸料弹簧及橡皮强力失效<br>3. 卸料板孔与凸模磨损后间隙变大，凸模易于把制品带入卸料孔中，卡住条料及制品不易卸出<br>4. 复合模中卸料器顶出杆长短不一致或歪斜<br>5. 工作时润滑油太多，将制品粘住<br>6. 漏料孔大小或被制品废料堵塞 | 1. 更换修整打料杆，顶杆<br>2. 更换新的弹簧及橡皮<br>3. 重新修整及浇注卸料孔<br>4. 修整卸料器顶杆<br>5. 适当放润滑油<br>6. 加大漏料孔 |
| 制品只有压印而剪切不下来 | 1. 凸模、凹模刃口变钝<br>2. 凸模进入凹模深度太浅<br>3. 凸模长期使用，与固定板发生松动，受力后凸模被拔出 | 1. 磨修刃口，使其变锋利<br>2. 调整压力机闭合高度，使凸模进入凹模深度适中<br>3. 重新装配凸模 |

续表

| 故障现象 | 产生原因 | 修理方法 |
|---|---|---|
| 凸模弯曲或断裂 | 1. 凸模硬度太低，受力后弯曲，硬度高则易折断碎裂<br>2. 在卸料装置中，顶杆弯曲，致使开动卸料器在冲压过程中，将凸模折断或弯曲<br>3. 上模座、下模座表面与压力机台面不平行，致使凸模与凹模配合间隙不均，使凸模折断或弯曲<br>4. 长期使用螺钉及销钉松动，使凹模孔与卸料板孔不同轴，致使凸模折断<br>5. 导柱、导套和凸模由于长期受冲击振动而与支持面不垂直<br>6. 凹模孔被堵，凸模被折断，凹模被挤裂 | 1. 正确控制热处理硬度<br>2. 检查卸料器受力状况，若发现顶杆长短不一或弯曲，应及时更换<br>3. 重新把模具安装在压力机上<br><br>4. 经常检查模具，预防螺钉及销钉松动<br><br>5. 重新调整，安装模具<br><br>6. 经常检查洞料孔状况，发生堵塞及时疏通 |
| 凹模碎裂或刃口被啃坏 | 1. 凹模淬火硬度过高<br>2. 凸模松动与凹模不垂直<br>3. 紧固件松动，致使各零件发生位移<br>4. 导柱、导套间隙发生变化<br>5. 凸模进入凹模太深或凹模有倒锥<br><br>6. 凹模与压力机工作台面不平行 | 1. 更换凹模<br>2. 重新装配<br>3. 紧固各紧固件，重新调整模具<br>4. 修理导向系统<br>5. 调整压力机闭合高度，或更换凸、凹模<br>6. 重新安装冲压模具与压力机台面上 |
| 送料不通畅或被卡死 | 1. 导料板之间位置发生变化<br>2. 用侧刃的连续模，导料板工作面和侧刃不平行使条料卡死<br>3. 侧刃与侧刃挡块松动<br>4. 凸模与卸料孔间隙大 | 1. 调整导料板位置<br>2. 重装导料板<br><br>3. 修整侧刃挡块，消除之间间隙<br>4. 重新浇注或修整卸料孔 |

2. 弯曲模常见故障及修理方法

表5-4所示为弯曲模常见故障及修理方法。

表5-4　弯曲模常见故障及修理方法

| 故障现象 | 产生原因 | 修理方法 |
|---|---|---|
| 弯曲制品零件形状和尺寸超差 | 1. 定位板或定位销位置变化或被磨损后，定位不准确<br>2. 模具内部零件由于长期使用后松动或凸模、凹模被磨损 | 1. 更换新的定位板及定位销或重新调整使定位准确<br>2. 固紧零件，修整或更换凸模、凹模 |

续表

| 故障现象 | 产生原因 | 修理方法 |
|---|---|---|
| 弯曲件弯曲后产生裂纹或开裂 | 1. 凸模与凹模位置发生偏移<br>2. 凸模、凹模长期使用后表面粗糙<br>3. 凸模、凹模表面有裂纹或破损 | 1. 重新调整凸模、凹模位置<br>2. 抛光<br>3. 更新凸模、凹模 |
| 弯曲件表面不平或出现凹坑 | 1. 凸模、凹模表面粗糙<br>2. 在冲压时，有杂物混入凹模中，碰坏凹模或使制品每次冲压时有凹坑<br>3. 凸模、凹模本身有裂纹 | 1. 抛光，修磨<br>2. 每次冲压后，要清除表面杂物<br>3. 更换凸模、凹模 |

**3. 拉深模常见故障及修理方法**

表 5-5 所示为拉深模常见故障及修理方法。

**表 5-5    拉深模常见故障及修理方法**

| 故障现象 | 产生原因 | 修理方法 |
|---|---|---|
| 拉深制品的形状及尺寸发生变化 | 1. 冲压模具上的定位装置磨损后变形或偏移<br>2. 凸模、凹模间隙变大<br>3. 冲压模具中心线与压力机中心线以及与压力机台面垂直度发生变化 | 1. 更换新的定位装置或调整<br>2. 修整凸模、凹模或更换<br>3. 重新把模具安装在压力机上 |
| 拉深件出现皱纹及裂纹现象 | 1. 凸模、凹模表面有明显的裂纹及破损<br>2. 压边圈压力过大或过小<br>3. 凹模圆角半径破坏产生锋刃<br>4. 间隙变化，间隔小被拉裂，间隙大易起皱 | 1. 更换凸模、凹模<br>2. 调整压边力大小<br>3. 修整凹模圆角半径<br>4. 重新调整间隙，使之均匀合适 |
| 制品表面出现擦伤及划痕 | 1. 凸模、凹模部分损坏，有裂纹或表面碰伤<br>2. 冲压模具内部不清洁，有杂物混入<br>3. 润滑油质量差<br>4. 凹模圆角被破坏或表面粗糙 | 1. 更换凸模、凹模<br>2. 清除表面杂物<br>3. 更换润滑油<br>4. 修整凹模并抛光表面 |

 任务考核

表 5-6 所示为冲压模具的修理考核评价表。

**表 5-6    冲压模具的修理考核评价表**

| 序号 | 实施项目 | 考核要求 | 配分 | 评分标准 | 得分 |
|---|---|---|---|---|---|
| 1 | 冲压模具常见故障及修理 | 根据故障分析产生原因，找出修理方法 | 40 | 操作熟练、目的明确，保证安全 | |

续表

| 序号 | 实施项目 | 考核要求 | 配分 | 评分标准 | 得分 |
|---|---|---|---|---|---|
| 2 | 弯曲模常见故障及修理 | 根据故障分析产生原因，找出修理方法 | 30 | 操作熟练、目的明确，保证安全 | |
| 3 | 拉深模常见故障及修理 | 根据故障分析产生原因，找出修理方法 | 30 | 操作熟练、目的明确，保证安全 | |

# 项目思考与练习 5

1. 模具的维护项目包括哪些？
2. 怎样在压力机上卸模？
3. 冲压模具损坏的原因主要有几个方面？
4. 冲压模具的检修步骤如何？
5. 常用的模具修理手段有哪些？

# 项目6　塑料模具的安装与调试

## 任务1　塑料模具的安装

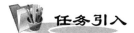 任务引入

本任务是将塑料模具（如图3-1所示）衬套注射模安装在卧式注射机上。通过本任务的学习，熟悉模具的安装方法和步骤以及模具安装注意事项，并了解塑料成型设备种类及特征。

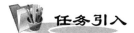 任务分析

塑料模具的正确安装是一项重要的工作，它直接关系到产品质量。本任务主要是掌握塑料模具安装在注射机上的程序及步骤。

根据上述任务，首先确定主要研究对象是塑料模具在注射机的安装。塑料模具的安装有三个方面的要求。一是对注射机的要求。根据模具的要求选择注射机，包括注射机的注射量、锁模力、顶出行程、锁模行程、塑化能力等各种技术参数是否满足模具的要求。二是对塑料模具的要求。模具各零件是否符合图样要求和技术要求，有无抽芯，抽芯方式及所用原料品种、产地等。三是对塑料模具的安装和调试要求，包括模具安装前的准备工作，模具检查等。

塑料模具的安装包括对塑料模具动模、定模的安装定位，一般是通过自身结构与注射机配合。动模的安装定位需要依靠已经固定连接的定模部分，并通过模具动、定模导向装置来进行安装定位。模具动、定模部分的连接紧固一般是通过螺钉、压板、垫块来实现的。模具的吊装方法一般可分为整体吊装和分体吊装，它们的共同点在于吊装过程中总是首先对定模进行安装定位，对动模进行初定位，在对动模进行准确定位之后再将其紧固。同时，在安装过程中还应对锁模机构、推杆顶出距离、喷嘴与浇口套相对位置、冷却水路及加热系统等做相应的调整，最终保证空车运转时各个部位运转正常，并保证安全。其中，锁模机构应调整至分型面位置不会出现制件的严重溢边，并保证型腔的适当排气。顶出距离应保证制件能顺利取出，并在推杆固定板与相临动模保持5～10 mm活动间隙，以避免产生撞击。

**相关知识**

1. 塑料成型设备

塑料成型设备因成型工艺的不同而不同，塑料成型设备主要包括注射成型工艺的注射机、挤出成型的挤出机、压缩成型和压注成型的液压机。

（1）塑料注射成型机

塑料注射成型机，简称注射机，是我国产量和应用量最大的塑料机品种。我国自行生产的第一台注射机诞生于 20 世纪 50 年代后期，经过几十年的发展，目前已能生产大部分机种。注射机是塑料注射成型的主要设备，按其外形可分为立式、卧式、角式注射机三种。图 6-1 为常用的卧式注射机产品图片。

图 6-1 卧式注射机产品

各种注射机尽管外形不同，但基本上都是由合模锁模系统与注射系统组成。注射成型时模具安装在注射机的移动模板和固定模板上，由锁模机构合模并锁紧，塑料在料筒内加热呈熔融状态，由注射装置将塑料熔体通过模具流道系统注入型腔内，塑料制件冷却固化后由锁模机构开模，并由推出装置将制品推出。

注射机主要分为以下几个部分。

① 注射装置。注射装置的主要作用是使固态的塑料颗粒均匀地塑化呈熔融状态，并以足够的压力和速度将塑料熔体注入模具型腔中。注射装置包括料斗、料筒、加热器、计量装置、螺杆、喷嘴及其驱动装置等。

② 锁模装置。锁模装置的作用有以下三点：第一是实现模具的开、闭动作；第二是在成型时提供足够的锁模力使模具锁紧；第三是开模时推出模内制品。锁模装置有机械式、液压式和液压机械式三种形式。推出机构也有机械式、液压式和液压机械式三种形式。

③ 液压传动和电器控制。液压传动和电器控制系统是为保证注射成型按照预定的工艺要求（压力、速度、时间、温度）和动作程序准确进行而设置的。液压传动系统是注射机的动力系统，而电器控制系统则是各个动力液压缸、马达完成开启、闭合和注射、推出等动作的控制系统。

下面介绍三种注射机的结构特点。

① 卧式注射机。注射系统与合模锁模系统的轴线都呈水平布置的注射机称为卧式注射机。这类注射机重心低，稳定，操作维修方便，塑件推出后可自行下落，便于实现自动化生产。注射系统有柱塞式和螺杆式两种结构，适合加工大、中型塑件。但模具在注射机上安装及嵌件在模具内的安放较为麻烦，机床的占地面积也较大。卧式注射机是目前国内外注射机中最基本的类型。卧式注射机基本结构如图 6-2 所示。

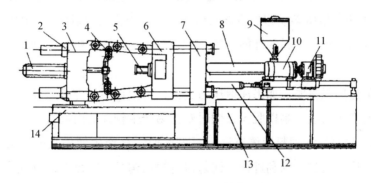

**图 6-2　卧式注射机的基本结构**

1—锁模油缸　2—调模机构　3—后定模板　4—锁模机构　5—顶出机构　6—动模板　7—前定模板
8—料筒及加热器　9—料斗　10—注射油缸　11—电动机　12—射台油缸　13—控制箱　14—机架

② 立式注射机。注射系统与合模系统的轴线垂直于地面的注射机称为立式注射机。这类注射机的优点是占地面积较小，模具装卸方便，动模侧安放嵌件便利；缺点是重心高、不稳定，加料较困难，推出的塑件要人工取出，不易实现自动化生产。注射系统一般为柱塞结构，注射量小于 60 g。

③ 角式注射机。注射系统与合模系统的轴线为相互垂直布置的注射机称为角式注射机。常见的角式注射机是沿水平方向合模，沿垂直方向注射。这类注射机结构简单，可利用开模时丝杠转动对有螺纹的塑件实现自动脱卸。注射系统一般为柱塞结构，采用齿轮齿条传动或液压传动。由于角式注射机在注射时，熔料是从模具侧面进入模腔的，特别适用于中心不允许留有浇口痕迹的塑料制件。角式注射机的缺点是，机械传动无法准确可靠地注射和保持压力及锁模力，模具受冲击和振动较大。

塑料注射机规格型号的命名尚无统一的标准。旧型号的注射机常用 SYS、XS- Z、XS-ZY 分别表示立式注射机、卧式柱塞式注射机和卧式螺杆式注射机；用公称注射量表示注射机的规格，例如 SYS-30、XS-Z-60、XS-ZY-125A、XS-ZY-250 等，主参数后的字母为改型设计序号。新型号的注射机常用 SZ、SZL、SZG 分别表示卧式注射机、立式注射机和热固性塑料注射机，用理论注射量/合模力表示注射机的规格，例如 SZL-15/30、SZ300/1400、SZG-500/1500 等，如表 6-1 所示。

塑料注射机的规格是指决定注射机加工能力和适用范围的一些主要技术参数，在设计塑料注射机时，应根据实际情况对这些技术参数进行校核。

① 注射量。注射量是指注射机进行一次注射成型所能注射出熔料的最大容积，它决定了一台注射机所能成型塑件的最大体积。一台注射机的最大注射量受注射成型工艺条件的影响而有一定的波动，因而在实际生产中常用公称注射量或理论注射量来间接表示注射机的加工能力。

② 注射压力。注射时为了克服塑料流经喷嘴、流道和型腔时的流动阻力，注射机螺杆（或柱塞）对塑料熔体必须施加足够的压力，此压力称为注射压力。注射压力的大小与流动阻力、塑件的形状、塑料的性能、塑化方式、塑化温度、模具温度及塑件的精度要求等因素有关。

注射压力的选取很重要，如果注射压力过低，则塑料不易充满型腔；如果注射压力过高，则塑件容易产生飞边，难以脱模，同时塑件易产生较大的内应力。

③ 锁模力。当高压的塑料熔体充满模具型腔时，会产生使模具分型面胀开的力。为了夹紧模具，保证注射过程顺利进行，注射机合模机构必须有足够的锁模力，锁模力必须大于胀开力。

④ 安装部分的配合、连接尺寸。模板尺寸和拉杆间距：模具最大外形尺寸不能超过注射机的动、定模板的外形尺寸，同时必须保证模具能通过拉杆间距安装到动、定模板上，模板上还应留有足够的余地用于装夹模具。模具定位圈的直径与模板定位孔的直径按 H9/f9 配合，以保证模具主浇道轴线与喷嘴孔轴线的同轴度。

⑤ 最大、最小模具厚度。模具最大厚度 $H_{max}$ 和最小厚度 $H_{min}$，是指注射机移动模板闭合后达到规定锁模力时，移动模板与固定模板之间所达到的最大和最小距离，这两者之差就是调模机构的调模行程，这两个基本尺寸对模具安装尺寸的设计十分重要。若模具实际厚度小于注射机的模具最小厚度，则必须设置模厚调整块，使模具厚度尺寸大于 $H_{min}$，否则就不能实现正常合模；若模具实际厚度大于注射机模具最大厚度，则模具也不能正常合模，达不到规定的锁模力，一般模具厚度设定在 $H_{min}$ 和 $H_{max}$ 之间。

⑥ 开模行程。注射机的开模行程是有限的，塑件从模具中取出时所需的开模行程必须小于注射机的最大开模距离，否则塑件无法从模具中取出。一般最大开模行程为塑件最大高度的 3～4 倍，移动模板的行程要大于塑件高度的 2 倍。

表 6-1　常用国产注射机的规格和性能

| 项目 \ 型号 | XS-ZS-22 | XS-Z-30 | XS-Z-60 | XS-ZY-125 | C54-S200/400 | SZY-300 | XS-ZY-500 | XS-ZY-1000 | SZY-2000 | XS-ZY-4000 |
|---|---|---|---|---|---|---|---|---|---|---|
| 额定注射量/$cm^3$ | 30、20 | 30 | 60 | 125 | 200~400 | 320 | 500 | 1 000 | 2 000 | 4 000 |
| 螺杆（注塞）直径/mm | 25、20 | 28 | 38 | 42 | 55 | 60 | 65 | 85 | 110 | 130 |
| 注射压力/MPa | 75、115 | 119 | 122 | 120 | 109 | 77.5 | 145 | 121 | 90 | 106 |
| 注射行程/mm | 130 | 130 | 170 | 115 | 160 | 150 | 200 | 260 | 280 | 370 |
| 注射方式 | 双注塞（双色） | 注塞式 | 注塞式 | 螺杆式 | 螺杆式 | 螺杆式 | 螺杆式 | 螺杆式 | 螺杆式 | 螺杆式 |
| 锁模力/kN | 250 | 250 | 500 | 900 | 2 540 | 1 500 | 3 500 | 4 500 | 6 000 | 10 000 |
| 最大成型面积/$cm^2$ | 90 | 90 | 130 | 320 | 645 | — | 1 000 | 1 800 | 2 600 | 3 800 |
| 最大开合模行程/mm | 160 | 160 | 180 | 300 | 260 | 340 | 500 | 700 | 750 | 1 100 |
| 模具最大厚度/mm | 180 | 180 | 200 | 300 | 406 | 355 | 450 | 700 | 800 | 1 000 |
| 模具最小厚度/mm | 60 | 60 | 70 | 200 | 165 | 285 | 300 | 300 | 500 | 700 |
| 喷嘴圆弧半径/mm | 12 | 12 | 12 | 12 | 18 | 12 | 18 | 18 | 18 | — |
| 喷嘴孔直径/mm | 2 | 2 | 4 | 4 | 4 | — | 3、5、6、8 | 7.5 | 10 | — |
| 顶出形式 | 四侧设有顶杆,机械顶出 | 四侧设有顶杆,机械顶出 | 中心设有顶杆,机械顶出 | 两侧设有顶杆,机械顶出 | 动模板设有顶板,开模时模具顶固定板中心及上、下两侧设有顶杆,动模板通过顶杆上的顶板与顶板动模板相碰,机械顶出塑件 | 中心及两侧设有顶杆,机械顶出 | 中心液压顶出,两侧设有顶杆,机械顶出 | 中心液压顶出,两侧设有顶杆,机械顶出 | 中心液压顶出,顶出距100 mm,两侧设有顶杆,机械顶出 | 中心液压顶出,顶出距125 mm,两侧设有顶杆,机械顶出 |

续表

| 项目 \ 型号 | XS-ZS-22 | XS-Z-30 | XS-Z-60 | XS-ZY-125 | C54-S200/400 | SZY-300 | XS-ZY-500 | XS-ZY-1000 | SZY-2000 | XS-ZY-4000 |
|---|---|---|---|---|---|---|---|---|---|---|
| 动、定模固定板尺寸/mm | 250×280 | 250×280 | 330×440 | 428×458 | 532×634 | 620×520 | 700×850 | 900×1000 | 1180×1180 | |
| 拉杆空间/mm | 235 | 235 | 190×300 | 260×290 | 290×368 | 400×300 | 540×440 | 650×550 | 760×700 | 1050×950 |
| 合模方式 | 液压-机械 | 液压-机械 | 液压-机械 | 液压-机械 | 液压-机械 | 液压-机械 | 液压-机械 | 两次动作液压式 | 液压-机械 | 两次动作液压式 |
| 液压泵 流量/(L/min) | 50 | 50 | 70、12 | 100、12 | 170、12 | 103.9、12.1 | 200、25 | 200、18、1.8 | 175.8×2、14.2 | 50、50 |
| 液压泵 压力/MPa | 6.5 | 6.5 | 6.5 | 6.5 | 6.5 | 7.0 | 6.5 | 14 | 14 | 20 |
| 电动机功率/kN | 5.5 | 5.5 | 11 | 11 | 18.5 | 17 | 22 | 40、5.5、5.5 | 40、40 | 17、17 |
| 螺杆驱动力/kN | — | — | — | 4 | 5.5 | 7.8 | 7.5 | 13 | 23.5 | 30 |
| 加热功率/kN | 1.75 | — | 2.7 | 5 | 10 | 6.5 | 14 | 16.5 | 21 | 37 |
| 机器外形尺寸/mm | 2340×800×1460 | 2340×850×1460 | 3160×850×1550 | 3340×750×1550 | 4700×1400×1800 | 5300×940×1815 | 6500×1300×2000 | 7670×1740×2380 | 10908×1900×3430 | 11500×3000×4500 |

（2）塑料挤出机

挤出成型设备包括主机和辅机两个组成部分。

主机即挤出机，它的作用是完成塑料的加料、熔融、塑化和输送工作。挤出机的基本工作原理是：螺杆在料筒内转动，料被不断地推动压实，料在强力剪切、摩擦和外加热器的作用下，逐渐熔化并均匀后，以一定的压力和流量从机头中挤出。挤出机的外形和原理同注射机十分相似，所不同的是挤出机是连续供料，螺杆做连续运动。螺杆挤出工艺最基本和最常用的是单螺杆挤出机。按螺杆在空间的位置，挤出机可分为卧式挤出机和立式挤出机。卧式挤出机可方便完成各种制件的生产，应用广泛。挤出机的参数主要有螺杆直径、螺杆转数、螺杆的长径比（螺杆的有效长度与直径之间的比值）。

辅机的作用是将由挤出模挤出的已获得初步形状和尺寸的连续塑料体进行定型，使其形状和尺寸固定下来，再经切割加工等工序，最终成为可供应用的塑料型材或其他塑料制品。挤出成型不同品种的塑料制品需要应用不同种类的挤出辅机，常用的挤出辅机有挤管辅机、挤板辅机、薄膜吹塑辅机等。不同种类的挤出辅机在配置和结构上有很大的差别，但一般均由定型、冷却、牵引、切割、卷取（或堆放）五个环节组成。

（3）塑料液压机

塑料液压机按工作液压缸数量及布置可分为上压式液压机、下压式液压机、上下压式液压机、角式液压机四类。其中，用于压缩和压注成型的主要是上压式液压机、下压式液压机。上压式液压机适用于移动式、固定式压缩模和移动式压注模；下压式液压机运用于固定式压注模。图 6-3 所示为塑料制品液压机，液压机为上压式四柱型，分手动操作和自动两类，工作压力可按生产工艺要求任意调整，并可实现定程、定时、定温、定压，适用于可塑性材料的压制工艺，如压制胶木件、树脂、橡胶、制动材料、粉末冶金、塑料制品等。

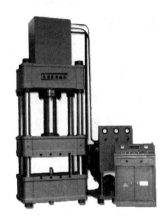

图 6-3　塑料制品液压机

2. 塑料模具的安装方法

模具装配完成后，必须安装到塑料成型设备上，经过试模来验证模具的设计与制造质量及综合性能是否满足实际生产要求。试模是模具制造过程中的最后一道检验工序。为保证试模工作顺利进行，试模前必须对模具进行全面的检查，做好各项准备工作。

（1）试模的准备工作

① 熟悉有关工艺文件资料。根据图样，弄清模具的结构、特性及其工作原理，熟悉

有关工艺文件以及所用注射机的主要技术规格。

②检查安装条件。检查核对模具的闭合高度是否适合脱模距离，安装槽（孔）位置是否合理并与注射机是否相适应。

③检查设备。检查设备的油路、水路以及电气设备是否能正常工作；将注射机的操作开关调到点动或手动位置上，将液压系统的压力调到低压；调整好所有行程开关的位置，使动模板运行畅通；调整动模板与定模板的距离，使其在闭合状态下大于模具的闭合高度 $1\sim2\,mm$。

④检查吊装设备。检查吊装模具的设备是否安全可靠，工作范围是否满足要求。

⑤检查模具。

A. 模具轮廓尺寸、开模行程、推出形式、安装固定方式是否符合所选试模设备的工作要求。

B. 模具定位环、浇口套球面及进料口尺寸要正确。模具吊环位置应保证起吊平衡，便于安装与搬运，满足负荷要求。

C. 各种水、电、气、液等接头零件及附件、嵌件应齐备，并处于良好使用状态。

D. 各零件是否连接可靠，螺钉是否上紧。模具合模状态是否有锁模板，以防吊装或运输中开启。

E. 检查导柱、螺钉、拉杆等在合模状态下，其头部是否高出模板平面，影响安装；复位杆是否高出分型面，使合模不严。

F. 打开模具检查型腔、型芯是否有损伤、毛刺或污物与锈迹，固定成形零件有无松动。嵌件安装是否稳固可靠。

G. 加料室与柱塞高度要适当，凸模与加料室的配合间隙要合适。

H. 熔体流动通道应通畅、光洁、无损伤；冷却液通道应无堵塞、无渗漏。电加热系统无漏电，安全可靠。

I. 模具开、合模动作及多分型面模具各移动模板的运动要灵活平稳，定位准确可靠，不应有紧涩或卡阻现象。

J. 多分型面模具开、合模顺序及各移动模板运动距离应符合设计要求，限位机构应动作协调一致，安全可靠。

K. 侧向分型与抽芯机构要运动灵活，定位准确，锁紧可靠。气动、液压或电动控制机构要正常无误。

L. 推出机构要运动平稳、灵活，无卡阻，导向准确。

（2）开机、清理杂物

开动注射机，使动、定模处于开启状态。

清理模板平面及定位孔、模具安装面上的污物、毛刺等。

（3）吊装模具

模具的吊装有整体吊装和分体吊装两种方法。

① 小型模具安装时常采用整体吊装。利用小型吊车或自制的小型龙门吊车进行模具的吊装，其方法是先将模具吊起，从上面进入机架内，定模的定位圈入定模板的定位孔，再慢速闭合模板、压紧模具。初步固定动、定模。再慢速开启模具，找准动模位置。在保证开闭模具平稳、灵活、无卡滞现象时再加固动、定动模。

**注意**：模具压紧应平稳可靠，压紧面积要大，压板不得倾斜，要对角压紧，压板尽量靠近模脚。注意合模时，动、定模压板不能相撞。

② 吊装大中型模具时，一般有整体吊装和分体吊装两种。要根据现场的具体吊装条件确定吊装的方法。

A. 整体吊装。整体吊装与小型模具的安装方法相同。要注意的是，如有侧型芯滑块要处于水平方向滑动，如有侧抽芯的模具不能倒装。

B. 分体吊装。先把定模从机器上方吊入机架间，调位置后，将定位圈装入定位孔并放正，压紧定模。再将动模部分吊入，找正动、定模的导向、定位机构位置后，与定模相合，点动合模并初步固定动模，然后慢速开合模具数次，确认定模和动模的相对位置已找正无误后，紧固动模。对设有侧型芯滑块的模具，应使滑块处于水平方向滑动为宜。

**注意**：吊装模具时应注意安全，两人同时操作时，必须互相呼应，统一行动。模具紧固应平稳可靠，压板要放平，不得倾斜，否则就压不紧模具；安装模具时，模具就会落下，要注意防止合模时动模、定模压板以及推板等与动模板相碰。

（4）模具调整与试模

① 调整模具松紧度。按模具闭合高度、脱模距离调节锁模机构，保证有足够的开模行程和锁模力，使模具闭合后松紧适当。一般情况下，使模具闭合后分型面之间的间隙保持在 0.02～0.04 mm 之间，以防止制件严重溢边，又保证型腔能适当排气。对加热模具，应在模具达到预定温度后再调整一次。最终调定应在试模时进行。

**注意**：曲肘伸直时，应先快后慢，既不轻松，又不勉强。

② 调整推杆顶出距离。模具紧固后，慢速开模，直到动模板到位停止后退，这时把推杆位置调到模具上的推板与模体之间留 5～10 mm 的间隙，以防止顶坏模具，而又能顶出制件，保证顶出距离。并开合模具观察推出机构动作是否平稳、灵活，复位机构动作是否协调、正确。

**注意**：顶板不得直接与模体相碰。应留有 5～10 mm 间隙。开合模具后，顶出机构应动作平稳、灵活，复位机构应协调可靠。

③ 校正喷嘴与浇口套的相对位置及弧面接触情况。可用一纸层放在喷嘴及浇口套之间，观察两者接触情况。校正后拧紧注射座定位螺钉，紧固定位。

④ 接通回路。接通冷却水路及加热系统。水路应通畅，电加热器应按额定电流接通。

**注意**：安装调温、控温装置以控制温度；电路系统要严防漏电。

⑤ 试机。先开空车运转，观察模具各部位运行是否正常，确认可靠后，才可注射试模。

**注意**：试机前一定要将工作场地清理干净，注意安全。

## 任务实施

**1. 模具安装前的准备工作**

**（1）熟悉有关工艺文件资料**

根据图 3-1 所示的衬套注射模图样，弄清模具的结构、特性及其工作原理，熟悉有关工艺文件以及所用注射机的主要技术规格。

**（2）开机**

开动注射机，使动、定模板处于开启状态。

**（3）清理杂物**

清理模板平面及定位孔、模具安装面上的污物、毛刺等。

**（4）吊装模具**

采用整体吊装先在机器下面两根导柱上垫好木板，模具从侧面进入机架间，定模入定位孔并摆正位置，慢速闭合模板、压紧模具。然后用压板及螺钉压紧定模，初步固定动模，再慢速开启模具，找准动模位置。在保证开闭模具平稳、灵活、无卡滞现象时再固定动模。

**2. 塑料模具的安装**

**（1）调整模具松紧度**

按模具闭合高度、脱模距离调节锁模机构，保证有足够的开模行程和锁模力，使模具闭合后松紧适当。使模具闭合后分型面之间的间隙保持在 0.02～0.04 mm，以防止制件严重溢边，又保证型腔能适当排气。

**（2）调整推杆顶出距离**

动、定模板上用压板连接。模具紧固后，慢速开模，直到动模板到位停止后退，这时把推杆位置调到模具上的推板与模体之间留 5～10 mm 的间隙，以防止顶坏模具，而又能顶出制件，保证顶出距离。

**（3）校正喷嘴与浇口套的相对位置及弧面接触情况**

可用一张纸放在喷嘴及浇口套之间，观察两者接触情况。

**（4）接通回路**

接通冷却水路及加热系统。

（5）试机

先开空车运转，观察模具各部位运行是否正常，确认可靠后，才可注射试模。

 **任务考核**

衬套注射模安装考核评价表如表6-2所示。

表6-2   衬套注射模安装考核评价表

| 序号 | 实施项目 | 考核要求 | 配分 | 评分标准 | 得分 |
|---|---|---|---|---|---|
| 1 | 图样分析 | 图样分析正确 | 15 | 具备模具结构知识及识图能力 | |
| 2 | 开机、清理杂物 | 模板平面及定位孔、模具安装面上无污物、毛刺等 | 10 | 操作熟练、目的明确，保证安全 | |
| 3 | 吊装模具 | 定模入定位孔并摆正位置，再找准动模位置。在保证开闭模具平稳、灵活、无卡滞现象时再固定动模 | 15 | 保证开闭模具平稳、灵活、无卡滞现象时再固定动模 | |
| 4 | 调整模具松紧度 | 模具闭合后松紧适度 | 10 | 保证有足够的行程和锁模力 | |
| 5 | 调整推杆顶出距离 | 推杆能顶出制件，保证顶出距离 | 10 | 开合模具后，顶出机构应动作平稳、灵活，复位机构应协调可靠 | |
| 6 | 校正喷嘴与浇口套的相对位置及弧面接触情况 | 校正后拧紧注射座定位螺钉，紧固定位 | 10 | 操作熟练、目的明确，保证安全 | |
| 7 | 接通回路 | 水路应通畅，电加热器应按额定电流接通 | 15 | 操作熟练、目的明确，保证安全 | |
| 8 | 试机 | 先开空车运转，观察模具各部位运行是否正常，确认可靠后，才可注射试模 | 15 | 操作熟练、目的明确，保证安全 | |

# 任务 2   塑料模具的调试

 **任务引入**

本任务主要介绍塑料模具的调试。通过本任务的学习，熟悉塑料模具的调试方法和步骤以及试模注意事项。

 **任务分析**

　　塑料模具在装配以后，把模具安装在塑料成型设备上要进行调整与试模，因此，调试是一项重要细致的工作，调试中可发现模具设计和制造的许多问题，也可对成型工艺进行调整。

　　根据任务描述，塑料模具的调试与冲压模具的调试相似，也有四个方面要求。一是调试的目的，包括检查模具的质量和取得制件成型的基本工艺参数，为正常生产打好基础。二是对产品精度的调整，在调试过程中，会产生各种缺陷，这就要求我们根据缺陷产生的原因加以分析并设法解决，以保证产品的质量。三是对调试过程中各种异常情况进行分析，如需要对模具进行修整，就要提出合理的建议，并说明原因。四是对试模数据的记录。

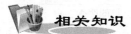 **相关知识**

　　1. 塑料模具调试前的准备

　　（1）塑料原材料的准备

　　应按照制品图样给定的材料种类、牌号、色泽及技术要求提供足量的试模材料，并进行必要的预热、干燥处理。

　　（2）试模工艺的准备

　　根据制品质量要求、材料成形性能、试模设备特点及模具结构类型综合考虑，确定合适的试模工艺条件。

　　（3）试模设备的准备

　　按照试模工艺要求，调整设备至最佳工作状态，达到装上模具即可试模。机床控制系统、运动部件、加料、塑化、加热与冷却系统等均应正常、无故障。

　　（4）试模现场的准备

　　清理机台及周围环境，备好压板、螺栓、垫块、扳手等装模器件与工具和盛装试模制品与浇注系统凝料的容器，备好吊装设备。

　　（5）工具的准备

　　试模钳工应准备必要的锉刀、砂纸、油石、铜锤、扳手等现场修模或启模工具，以备临时修调或启模使用。

　　（6）模具的准备

　　将检验合格的模具安装到试模设备上，并进行空运转试验，查看模具各部分动作是否灵活、正确，所需开模行程、推出行程、抽芯距离等是否达到要求，确认模具动作过程正确无误后，可对模具（及嵌件）进行预热，使模具处于待试模状态。

　　2. 塑料模具试模的注意事项

　　① 试模前模具设计人员要向试模操作者详细介绍模具的总体结构特点与动作要求，

制品结构与材料性能，冷却水回路及加热方式，制品及浇注系统凝料脱出方式，多分型面模具的开模行程，有无嵌件等相关问题，使操作者心中有数，有准备地进行试模。

②试模时应将注塑机的工作模式设为手动操作，使机器的全部动作与功能均由试模操作人员手动控制，不宜用自动或半自动工作模式，以免发生故障，损坏机器或模具。

③模具的安装固定要牢固可靠，绝不允许固定模具的螺栓、垫块等有任何松动。压板前端与移动模板或其他活动零件之间要有足够间隙，不能发生干涉。

④模具上的冷却水管、液压油管及其接头不应有泄漏，更不能漏到模具型腔里面。管路或电加热器的导线一般不应接于模具的上方或操作方向，而应置于模具操作方向的对面或下方，以免管线游荡被分型面夹住。

⑤带有嵌件的模具还要注意查看嵌件是否移位或脱落。

⑥试模结束停机时，一般需将模具的型腔塑料排净。

⑦试模过程中发生的问题或制品缺陷，以及解决的对策和效果等都应做详细的现场记录，以备修模或再次试模参考。

### 任务实施

1. 注射模具的调试、试模

（1）注射机的调试

①将动定模合拢。

②开关旋至"调整"挡，转动旋钮，使注射座向前，让喷嘴与模具浇口接触。

③调整好注射座开始点和结束点两只接触开头的位置。

④调节套在整体移动活塞杆外的限位螺钉，使其与活塞杆的拉脚同时接触，以防喷嘴与浇口的撞击，调整好后将螺栓上的螺母锁紧。

⑤加热，使料筒达成型温度后再加热 30 分钟。

⑥注射座后退，使喷嘴与浇口分开。

⑦在"调整"状态下操作启动旋钮，调节计量开关，保压开关，注射速度切换开关防流开关至空位挡，进行预塑，注射检查塑料的熔化状态。

⑧试生产操作：将操作开关旋至"手动"位置，按照合模→注射座前移→注射→保压→开模→顶出→取件顺序，拨动相应开关，进行试生产操作。

**注意**：在试生产操作中，调节相应压力阀，保压压力阀和注射速度切换点，直到产品达到最佳效果为止。

（2）注射模具的试模

①料筒清理。

②注射量计量。

在向模具型腔注射熔体前，还应准确地确定一次注射所需熔体量。

（3）试模工艺参数的调整

工艺参数包括对模具温度、注射时间、注射压力、注射量的调整。

试模中对每一个参数的调整，都应使该参数稳定地工作几个循环，使其与其他参数的作用达到协调平衡之后，再根据制品质量的变化趋势进行适当调整，不宜连续大幅度地改变工艺参数值。

（4）修整模具（机上修整、中止试模返回修理）

通常，首先考虑通过调整工艺参数解决，然后才考虑修整模具。慎重确定是否需要修改模具。

由于模具因素引起的制品缺陷，能在试模现场短时间解决的，可现场进行机上修整，修后再试。对现场无法修整或需很长修整时间的，则应中止试模返回修理。

（5）试模数据的记录

① 设备的型号、塑料品种、牌号及生产厂家、工艺参数。

② 制品的质量与缺陷的形式，缺陷的程度与消除结果。

③ 试模试件。试模结果较好的制品或有严重缺陷的试件及与之对应的工艺条件。

（6）注射模试模中常见问题、产生原因和调整方法（如表6-3所示）

表6-3　注射模试模中常见问题、产生原因和调整方法

| 试模中常见问题 | 产生原因 | 调整方法 |
| --- | --- | --- |
| 塑件外形残缺不完整或型腔时个别型腔填不满 | 1. 注射量不够，加料量及塑化能力不足<br>2. 塑料粒度不同或不匀<br>3. 多型腔时，进料口平衡不好<br>4. 喷嘴及料箱温度太低或喷嘴孔径太小<br>5. 注射压力小，注射时间短，保压时间短，螺杆和柱塞退回过早<br>6. 注射速度太快或太慢<br>7. 塑料流动性太大<br>8. 飞边溢料过多<br>9. 模温低，塑料冷却快<br>10. 模具浇注系统流动阻力大，进料口位置不当并且截面小<br>11. 排气不当，无冷料穴或冷料穴设计不合理<br>12. 脱模剂过多，型腔中有水分<br>13. 塑料含水分或挥发性物质 | 1. 加大注射量和加料量，增加塑化能力<br>2. 改用新塑料<br>3. 修整进料口使各型腔进选料口形状相同<br>4. 提高喷嘴及料箱温度或更换新的喷嘴<br>5. 提高注射压力和延长注射及保压时间<br>6. 合理控制注射速度<br>7. 选择合适流动性的塑料材料<br>8. 使溢料槽变小<br>9. 提高模温<br>10. 修整进料口，加大截面<br>11. 增加或修整冷料穴，使模具得到有效的排气<br>12. 适当使用脱模剂清除型腔内水分<br>13. 塑料在使用前要烘干 |

| 试模中常见问题 | 产生原因 | 调整方法 |
| --- | --- | --- |
| 塑件尺寸变化不稳定 | 1. 注射机电器或液压系统不稳定<br><br>2. 模具强度不足，定位杆弯曲，磨损<br>3. 成形条件（温度、压力、时间）变化，成形周期不一致<br>4. 模具精度不良，活动零件动作不稳定，定位不准确<br>5. 模具合模时，时紧时松，易出飞边<br>6. 浇口太小，多腔进料口大小不一致，进料不平衡<br>7. 塑料加料量不均<br>8. 塑料颗粒不均，收缩率不稳定 | 1. 调整注射机，使其电器部分、液压系统稳定可靠<br>2. 提高模具强度，更换定位杆<br>3. 控制成形条件，使每一个制品的成形周期稳定一致<br>4. 调整模具，使活动零件动作平稳，定位零件定位准确<br>5. 增加锁模力，使合模稳定<br>6. 修整浇料口，使其进料合适<br><br>7. 控制加料值，每次定量加料<br>8. 更换新的塑料 |
| 塑件产生气泡 | 1. 塑料含水分太大，有挥发性物质存在<br>2. 料温高，加热时间长<br>3. 注射压力小<br>4. 柱塞或螺杆退回早<br>5. 模具排气不良<br>6. 模具温度低<br>7. 注射速度太快<br>8. 模具型腔内有水，油污或使用脱模剂不当 | 1. 更换新塑料或在使用前烘干<br>2. 降低温度和减少加热时间<br>3. 加大注射压力<br>4. 控制柱塞退回时间<br>5. 增设冷料穴，使其排气良好<br>6. 提高模具温度<br>7. 降低注射速度<br>8. 清除型腔水分及油污，合理使用脱模剂 |
| 塑件产生凹痕，塌坑或气泡 | 1. 进料口太小或数量不够<br><br>2. 塑件设计不合理，壁太厚或薄厚不均<br><br>3. 进料口位置不当，不利于供料<br>4. 料温高，模温也高，冷却时间短，易出凹痕<br>5. 模温低易出真空泡<br>6. 注射压力小，速度慢<br>7. 注射保压时间短<br>8. 加料及供料不足<br>9. 熔料流动不良，溢料多 | 1. 加大进料口截面积，或加多进料流动数量<br>2. 改进塑件设计或在壁厚处增设工艺型孔<br>3. 改进进料口位置<br>4. 降低料温、模温，增加冷却时间<br>5. 增加模温<br>6. 加大注射压力和速度<br>7. 加大保压时间<br>8. 加大供料量<br>9. 减少溢流槽面积 |
| 塑件四周飞边过大 | 1. 分型面密合不严，有间隙。型腔和型芯部分滑动零件间隙过大<br>2. 模具强度或刚性差 | 1. 调整模具，使分型面密合，减小型腔、型芯部分滑动零件间隙值<br>2. 调整模具，加大强度及刚性 |

| 试模中常见问题 | 产生原因 | 调整方法 |
|---|---|---|
| | 3. 模具各承接面平行度差<br>4. 模具单向受力或安装时没有被压紧<br>5. 注射压力大，锁模力不足或锁模机构不良，注射机定、动模板不平行<br>6. 塑件投影面积超过注射机所容许的塑制面积<br>7. 塑料流动性太大，料温、模温高，注射速度快<br>8. 加料量大 | 3. 重修模具，使各支承面间互相平行<br>4. 重新安装模具<br>5. 减少注射压力，增加锁模力，重新调整注射机<br>6. 要换大克量的注射机<br>7. 更换塑料，重新调整注射速度，降低料温、模温<br>8. 减少加料量 |
| 塑件表面或内部产生明显的细缝 | 1. 料温低，模具温度也低<br>2. 注射速度慢、注射压力小<br>3. 进料口位置不当，进料口数量多或浇注系统流程长，阻力太大或料温下降太快<br>4. 模具冷却系统设计不合理<br>5. 塑件薄，嵌件过多或薄厚不均，使料在薄壁处汇合出现溶接不良<br>6. 嵌件温度太低<br>7. 塑料流动性差<br>8. 模具型腔内有水，润滑剂、脱模剂太多<br>9. 模具排气不良<br>10. 纤维填料分布融合不均 | 1. 提高料温、模温<br>2. 加快注射速度，加大注射压力<br>3. 调整进料口和浇注系统<br>4. 改变冷却浇道，使之冷却均匀<br>5. 重新改进塑件设计，使之符合工艺性<br>6. 嵌件在使用前应预热<br>7. 更换流动性好的材料<br>8. 清除模具内水分，适量使用润滑剂、脱模剂<br>9. 增设排气冷却槽，使之充分排除气体<br>10. 改善填料，使之分布均匀 |
| 塑件表面出现波纹 | 1. 料温低，模温、喷嘴温度也低<br>2. 注射压力小，注射速度慢<br>3. 冷却穴设计不合理，里面有冷料未清除<br>4. 塑料流动性差<br>5. 模具冷却系统设计不合理<br>6. 浇注系统流程长，截面积小，进料口尺寸大小及形状、位置不对，使熔料流动受阻，冷却快，出现波纹状<br>7. 塑件壁薄，投影面积大，形状复杂<br>8. 供料不足<br>9. 流道曲折，狭窄，表面粗糙 | 1. 提高模温、料温及喷嘴温度<br>2. 提高注射压力，加快注射速度<br>3. 改善冷料穴，清除冷料<br>4. 更换流动性好的塑料<br>5. 修整模具冷却系统<br>6. 改进浇注系统，并使之截面积加大<br>7. 改变塑件设计，使之符合工艺性<br>8. 加大供料量<br>9. 改修流道，抛光使其表面光洁 |

续表

| 试模中常见问题 | 产生原因 | 调整方法 |
|---|---|---|
| 塑件表面沿流动方向产生银白色针状条纹或片状云母纹（水痕） | 1. 塑料温度太高，模具温度也高<br>2. 塑料含水分及挥发物<br>3. 注射压力太小<br>4. 料中含有气体，排气不良<br>5. 流道进料口小<br>6. 模具型腔有水，润滑油、脱模剂使用太多<br>7. 模温低，注射压力小，注射速度低。使熔料填充慢，冷却快，易形成银白色或白色反射光的薄层（常有冷却痕）<br>8. 熔料从薄壁流入厚壁时膨胀、挥发物气化与模具表面接触液化成银丝<br>9. 配料不当，混入异物或不熔料，发生分层脱离 | 1. 降低料温、模温<br>2. 烘干塑料<br>3. 加大注射压力<br>4. 改善排气系统<br>5. 加大进料口<br>6. 清除模具内水分，合理使用润滑剂及脱模剂<br>7. 提高模温，加大注射压力和加快注射速度<br><br><br><br>8. 改善塑件设计，使薄厚壁均匀过渡，符合工艺性<br>9. 配料时注意纯度 |
| 塑件翘曲变形 | 1. 冷却时间不够，模温高<br>2. 塑件形状设计不合理，薄厚不均，相差太大，强度不足，嵌件分布不合理，预热不足<br>3. 进料口位置不合理，尺寸小，料温、模温低，注射压力小，注射速度快，保压补缩不足，冷却不均，收缩不均<br>4. 动、定模温差大，冷却不均，造成变形<br>5. 塑料塑化不均，供料不足或过量<br>6. 冷却时间短，出模太早<br>7. 模具强度不够，易变形，精度低，定位不可靠，磨损厉害<br>8. 进料口位置不合理，料直接冲击型芯，两侧受力不均<br>9. 模具顶出机构受力不均，顶杆位置布置不合理 | 1. 增长冷却时间，降低模温<br>2. 重新修改塑件，使之符合工艺性设计<br>3. 加大进料口或改变其位置，合理安排注射工艺规程<br><br>4. 合理控制模温，使动、定模温度均匀<br>5. 应定量供料<br>6. 合理控制出模时间<br>7. 修整或重装模具<br>8. 调整及改变进料口位置<br>9. 调整顶出机构使其作用力均匀 |
| 塑件产生裂纹 | 1. 脱模时顶出不合理，顶出力不均匀<br>2. 模温太低或模具受热不均匀<br>3. 冷却时间过长或过快 | 1. 调整模具顶出机构，使其受力均匀，动作可靠<br>2. 提高模温，并使其各部受热均匀<br>3. 合理控制冷却时间 |

| 试模中常见问题 | 产生原因 | 调整方法 |
|---|---|---|
| 塑件产生裂纹 | 4.　脱模剂使用不当<br>5.　嵌件不干净或预热不够<br>6.　型腔脱模斜度小，有尖角或缺口，容易产生应力集中<br>7.　成形条件不合理<br>8.　进料口尺寸过大或形状不合理，产生应力<br>9.　塑料混入杂质<br>10.　填料分布不均 | 4.　合理使用脱模剂<br>5.　预热嵌件，清除表面杂质、杂物<br>6.　改善塑件设计或修整型腔脱模斜度<br>7.　改善塑件成形条件并严格控制<br>8.　改进进料口尺寸及形状<br>9.　使用干净塑料，清除杂质<br>10.　合理使用填料，搅拌均匀 |
| 塑件表面产生黑点、黑条或沿塑件表面呈炭状烧伤现象 | 1.　料筒清洗不洁或有混杂物<br>2.　模具排气不良或锁模力太大<br>3.　塑料中或型腔表面有可燃性挥发物<br>4.　塑料受潮，水解变黑<br>5.　染色不均，有深色物或颜料变质<br>6.　塑料成分分解变质 | 1.　认真清洗料筒，使之干净，检查塑料有无杂质并及时清除<br>2.　合理修整模具排气系统，减少锁模力<br>3.　清理型腔表面，应无杂物及水分存在<br>4.　使用前烘干塑料，去除水分<br>5.　合理配料<br>6.　采用新材料 |
| 色泽不均或变色 | 1.　颜料质量不好，搅拌不均或塑化不均<br>2.　型腔表面有水分，油污或脱模剂过多<br>3.　塑料与颜料中，混入杂质<br>4.　结晶度低或塑件壁厚不均，影响透明度造成色泽不均 | 1.　更换颜料，搅拌均匀，使之与塑料一起塑化<br>2.　清除型腔水分，合理使用脱模剂<br>3.　更新材料<br>4.　改善塑件工艺性 |
| 脱模困难 | 1.　型腔表面粗糙<br>2.　型腔脱模斜度小<br>3.　模具镶块处缝隙太大<br>4.　模芯无进气孔<br>5.　模具温度太高或太低<br>6.　成形时间不合适<br>7.　顶杆太短不起作用<br>8.　拉料杆失灵<br>9.　型腔变形大，表面有伤痕，难脱出制件<br>10.　活动型芯脱模不及时<br>11.　塑料发脆，收缩大<br>12.　塑件工艺性差，不易从模中脱出 | 1.　抛光型腔<br>2.　修整型腔，加大脱模斜度<br>3.　重修模具，使之密合<br>4.　增设进气孔<br>5.　改善模具温度<br>6.　控制成形时间<br>7.　加长顶出杆长度<br>8.　修整拉料杆<br>9.　修整型腔并抛光<br>10.　修整活动型芯，及时脱模<br>11.　更换塑料<br>12.　更新塑件设计，使之符合工艺性 |

| 试模中常见问题 | 产生原因 | 调整方法 |
|---|---|---|
| 粘模 | 1. 浇道斜度不对,没有使用脱模剂<br>2. 同一塑料不同类别相混或塑化不均,混入异物易粘模<br>3. 料温、模温低,喷嘴温度也低,喷嘴与浇口套不吻合或有夹料<br>4. 拉料杆失灵<br>5. 模具型腔表面粗糙有划痕<br>6. 冷却时间短<br>7. 浇道及主浇道连接部分强度低,浇道直径偏大 | 1. 改进浇道斜度,使用脱模剂脱模<br>2. 使用干净塑料,清除异物<br>3. 提高料温、模温及喷嘴温度,使喷嘴及浇料口吻合<br>4. 更换拉料杆<br>5. 抛光型腔表面<br>6. 加长冷却时间<br>7. 改善浇道强度或更换新浇道 |
| 塑件透明度低 | 1. 模温、料温均低,融料与型腔表面接触不良<br>2. 模具型腔表面粗糙,有水或油污<br>3. 脱模剂太多<br>4. 料温太高,使料分解变质<br>5. 塑料有水分及杂质<br>6. 模具型腔粗糙 | 1. 提高模温,料温<br>2. 抛光及清洁模具表面<br>3. 合理使用脱模剂<br>4. 降低料温<br>5. 烘干塑料,清除杂质<br>6. 抛光型腔表面 |
| 塑件表面不光洁、发乌、有伤痕 | 1. 型腔表面不光洁、粗糙<br>2. 型腔内有杂质、水或油污<br>3. 脱模剂使用太多或选用不当<br>4. 塑料含水分及挥发物质<br>5. 塑料及颜料分解,变质,流动性差<br>6. 料温、模温均低,注射速度慢<br>7. 模具排气不良,熔料中有充气<br>8. 注射速变快,进料口小使融料气化,呈乳白色薄层<br>9. 供料不足,塑化不良<br>10. 塑料混入异物<br>11. 脱模斜度小<br>12. 料温、模温忽高忽低<br>13. 操作时擦伤表面 | 1. 镀铬,抛光<br>2. 注射前,每次都要清理型腔<br>3. 合理选用及使用脱模剂<br>4. 烘干塑料<br>5. 更换塑料<br>6. 改善工艺条件<br>7. 改善模具排气系统<br>8. 降低注射速度,使进料口加大<br>9. 合理定量供料<br>10. 改换材料<br>11. 加大脱模斜度<br>12. 合理控制模温<br>13. 按操作工艺操作 |

2. 压缩模具的调试、试模

(1) 压力机的调试

① 压缩成形使用立式压力机,模具安放在压力机工作台上,根据模具与压力机的连接关系分为可移动式模具和固定式模具两种。可移动式模具是机外装卸的,装料、闭模、开模、脱模均是将模具从压力机上取下进行操作的。固定式模具是将模具的上下模座分别

与压力机的上下压板连接固定。模具的加料、闭模、压制及制品脱模均在压力机上进行，模具自身带有加热装置。

② 材料的预压和预热。材料的预压：在普通压力机上将粉料压制成一定形状的型坯，加料时直接将型坯放入型腔或加料室。

预热温度与时间：根据物料的不同品种和采用的预热方法确定物料能够快速均匀地升至预定的温度。

（2）试模过程的操作

① 放嵌件。嵌件放入模腔前应清除毛刺与污物，并需预热至规定的温度。

② 加料。加料前都应将型腔或加料室清理干净。根据制品的结构尺寸与物料性能合理选定加料方法（重量法、容积法），准确地计算加料量。

③ 闭模。闭模时应分段控制合模速度，当凸模未触及物料前，应快速闭模；触及物料时，应适当减慢闭模速度，逐渐增大压力。

④ 加压和排气。加压后需将上模稍稍松开一下，然后再加压以排除型腔内气体和水分。

⑤ 脱模和清理模具。控制保压时间保证制品完全硬化成形，但不能过硬化。制品脱模可用手工取出或用模具推出机构。使用推出机构时应调整好推出行程，并要求制品脱模平稳。

（3）试模工艺参数的调整

① 模压温度。每调节一次温度，应保持模温升到规定的温度后再进行试压。

② 模压压力。在低压状态下进行调整，逐渐升压到所需的压力。

③ 模压时间。模压时间与模温、物料预热、制品壁厚等有关，使用预热的物料可以降低模压时间，而成形壁厚大的制品，则需要较长的模压时间。

模压温度、压力、时间 3 个参数相互影响，试模调整时，一般先凭经验确定一个，然后调整其余两个。如果这样调整仍不能获得合格的试件，可对先确定的那个参数再进行调整。

如此反复，直至调出最佳的工艺参数。

（4）修整模具（机上修整、中止试模返回修理）

首先考虑通过调整工艺参数解决，然后才考虑修整模具。慎重确定是否需要修改模具。

由于模具因素引起的制品缺陷，能在试模现场短时间解决的，可现场进行机上修整，修后再试。对现场无法修整或需很长修整时间的，则应中止试模返回修理。

（5）试模数据的记录

① 设备的型号、塑料品种、牌号及生产厂家、工艺参数。

② 制品的质量与缺陷的形式，缺陷的程度与消除结果。

③ 试模试件。试模结果较好的制品或有严重缺陷的试件及与之对应的工艺条件。

（6）压缩模试模中常见问题、产生原因和调整方法（如表 6-4 所示）

表 6-4　压缩模试模中常见问题、产生原因和调整方法

| 试模中常见问题 | 产生原因 | 调整方法 |
|---|---|---|
| 塑件尺寸，形状不符合图纸要求 | 1. 模具设计制造不良，引起结构、形状、尺寸不对<br>2. 加料量过多或过少<br>3. 上模、下模模温过大或模温不均匀<br>4. 冷却时间及保压时间太短<br>5. 嵌件位置设计不合理及塑件相邻壁厚变化太大<br>6. 塑件收缩不稳定 | 1. 重新加工，修整模具，使其符合要求<br>2. 采用定量加料<br>3. 调整模温，使之均匀合适<br>4. 合理控制冷却及保压时间<br>5. 调节嵌件位置及合理设计塑件，使其符合工艺性<br>6. 重新更换材料 |
| 嵌件变形或易脱落 | 1. 嵌件没预热或包层太薄<br>2. 嵌件安装及固定方式不合理<br>3. 嵌件与模具安装孔间隙过大或过小<br>4. 嵌件尺寸不对或模具间使嵌件直接受压<br>5. 脱模时嵌件脱落<br>6. 成形压力过大 | 1. 重新设计嵌件结构及模具结构，在使用前，嵌件一定要预热<br>2. 调整嵌件安装及固定方式<br>3. 合理调整嵌件与模具形孔之间间隙<br>4. 调整模具结构，压制时使模具对嵌件减少受压<br>5. 改进脱模结构，不应使嵌件由于脱模而变形<br>6. 调整机床减少压力 |
| 制品飞边太厚 | 1. 模具闭合不严，间隙大或排气槽太深<br>2. 模具强度低，发生了变形<br>3. 加料量太多<br>4. 成形压力大，闭模力太小<br>5. 压机工作台不平，模具承压面之间不平行<br>6. 模具工作形面，分型面之间不平行 | 1. 修磨上、下模，调节模具闭合间隙，使之配合严密减少排气槽深度<br>2. 增加模具强度<br>3. 减少加料量<br>4. 减小成形压力，加大闭模力<br>5. 调整压机工作台面，重新装配模具，使承压面之间相互平行<br>6. 调整上模、下模工作面，使之平行，接合严密 |

续表

| 试模中常见问题 | 产生原因 | 调整方法 |
|---|---|---|
| 塑件粘模难以脱模 | 1. 塑料含水分及挥发物太多，缺少润滑剂<br>2. 用料过多，成形压力太大<br>3. 脱模机构顶杆太短，或动作不灵活、卡住<br>4. 型腔脱模斜度太小，或表面粗糙<br>5. 模温不均匀，上模、下模模温相差太大 | 1. 塑料在压制前要烘干，压制时增涂润滑剂<br>2. 调整成形压力，并定量供料<br>3. 调整脱模机构，加强灵活可靠性<br>4. 加大脱模斜度，抛光型腔表面<br>5. 调节模温，使之上模、下模均匀一致 |
| 塑件表面起泡 | 1. 成形温度太低，造成两面鼓起的气泡，成形温度太高，形成面积较小的气泡<br>2. 塑料含水及挥发性物质多<br>3. 保压时间短<br>4. 成形压力小，模具排气不良<br>5. 模具表面有挥发物质或使用脱模剂不当 | 1. 合理控制温度，最好采用自动控制机构<br>2. 塑料在压制前要烘干<br>3. 加长保压时间<br>4. 加大成形压力，改进模具排气机构及操作方法<br>5. 清理模具表面，合理使用脱模剂 |
| 塑件表面灰暗及有斑点 | 1. 塑料内含有杂质或油类物质<br>2. 模具型腔表面粗糙<br>3. 型腔表面不洁，有油污、杂质及残渣<br>4. 压制温度太高，造成色泽不均<br>5. 使用脱模剂有杂质或用量太大 | 1. 选用优质塑料<br>2. 抛光模具型腔<br>3. 每次压制前都要清理模具表面，或用气吹走杂尘<br>4. 降低压制温度<br>5. 更换适当的脱模剂，要加放适量 |
| 塑件变形扭曲或尺寸发生变化 | 1. 保温时间太短<br>2. 塑料含水及挥发物太多<br>3. 塑料收缩率太大<br>4. 脱模机构设计不合理，顶出受力不均匀<br>5. 塑件工艺性差，厚薄壁变化激烈<br>6. 嵌件位置不合理<br>7. 模具温度低，保温时间短<br>8. 上模、下模温差太大 | 1. 加长保温时间<br>2. 压制前要烘干材料<br>3. 更换收缩率小的材料<br>4. 调整脱模机构，使之受力均匀<br>5. 改进塑件工艺性，重新制作模具<br>6. 在成品允许情况下，改变嵌件位置，重新制作模具<br>7. 提高模温，加长保温时间<br>8. 调整模温，使之均匀 |
| 塑件表面产生凸、凹或皱纹、波纹 | 1. 排气时间掌握不对或排气时间过长<br>2. 模具表面不洁，脱模剂太多<br>3. 模温太低或压制速度太快，出现流痕<br>4. 模温太高，压力小及压制太慢，出现皱纹<br>5. 塑料含水过高，流动性太大<br>6. 型腔表面有凸起凹坑，表面粗糙 | 1. 调整排气时间<br>2. 清理模具型腔表面，减少脱模剂用量<br>3. 提高模具温度，降低压制速度<br>4. 降低模温，提高压制速度<br>5. 压制前烘干塑料，选用流动小的材料<br>6. 修整型腔表面，并进行抛光或镀铬 |

任务考核

塑料模具的调试、试模考核评价表如表 6-5 所示。

表 6-5　塑料模具的调试、试模考核评价表

| 序号 | 实施项目 | | 考核要求 | 配分 | 评分标准 | 得分 |
|---|---|---|---|---|---|---|
| 1 | 注射模具的调试、试模 | 注射机的调试 | 在试生产操作中，调节相应压力阀，保压压力阀和注射速度切换点，直到产品达到最佳效果为止 | 10 | 操作熟练、目的明确，保证安全 | |
| | | 注射模具的试模 | 料筒清理，注射量计量 | 10 | | |
| | | 试模工艺参数的调整 | 调出最佳的工艺参数值 | 10 | | |
| | | 修整模具 | 随机修理或返回修理 | 10 | | |
| | | 试模数据的记录 | 填试模记录表 | 10 | | |
| | | 注射模试模中常见问题、产生原因 | 根据现象分析产生原因，找出解决方法 | 10 | | |
| 2 | 压缩模具的调试、试模 | 压力机的调试 | 在普通压力机上将粉料压制成一定形状的型坯，加料时直接将型坯放入型腔或加料室；根据物料的不同品种和采用的预热方法确定物料能够快速均匀地升至预定的温度 | 10 | 操作熟练、目的明确，保证安全 | |
| | | 试模过程的操作 | 嵌件放入模腔；选定加料方法；闭模时控制好合模速度；排除型腔内气体和水分；要求制品脱模平稳 | 10 | | |
| | | 试模工艺参数的调整 | 调出最佳的模压温度、压力、时间 | 5 | | |
| | | 修整模具 | 随机修理或返回修理 | 5 | | |
| | | 试模数据的记录 | 填试模记录表 | 5 | | |
| | | 压缩模试模中常见问题、产生原因 | 根据现象分析产生原因，找出解决方法 | 5 | | |

# 项目思考与练习 6

1. 塑料注射机的主要技术参数有哪些？

2. 塑料模具调试前应做哪些准备？

3. 说明 XS-ZY-250 型号注射机各参数的含义。

4. 吊装大型模具安装时有哪些事项？

5. 简要叙述注射机的调试过程。

6. 简要叙述压缩模具的试模过程。

# 项目 7　塑料模具的维护与修理

## 任务 1　塑料模具的维护

### 任务引入

本任务主要介绍塑料模具的维护。通过本任务的学习，要求学生基本掌握塑料模具维护和保养的方法及内容，并能对模具的常见问题进行分析、处理。

### 任务分析

对塑料模具进行塑料维护保养，主要是为了延长塑料模具的使用寿命并保证能生产出合格的制件。在生产过程中对模具的维护，包括上班前的维护和下班后的维护。在塑料模具的保养过程中，最为重要的部位为型腔表面，必须保证型腔表面的表面粗糙度符合要求，以满足脱模需要。同时不能出现刮伤，要定期清理并做防锈处理，对塑料模具中的滑动部位应加适量润滑油脂，保证其活动灵活，模具的易损件也应适时更换。上班前要对塑料模具进行检查，如导柱、导套、凸凹模是否有损坏和异常声音，下班后要对模具进行维护与保养。

### 相关知识

1. 塑料模具的维护项目

（1）塑料模具使用前的准备工作

① 对照工艺文件，检查所使用的模具是否正确，规格、型号是否与工艺文件一致。

② 操作者应首先了解所用模具的使用性能、使用方法、结构特点及运动原理。

③ 检查所使用的设备是否合理，如注射机的行程、开模距、压射速度等是否与所使用的模具配套。

④ 检查所用的模具是否完好，使用的材料是否合适。

⑤ 检查模具的安装是否正确，各紧固部位是否有松动现象。

⑥ 开机前，工作台上、模具上的杂物要清除干净，以防开机后损坏模具或出现安全隐患。

（2）模具日常使用中的维护项目

① 模具在开机后，首件必须认真检查合格后方可开始生产，若不合格则应停机检查原因。

② 遵守操作规程，防止乱放、乱碰、违规操作。

③ 模具运转时要随时检查，发现异常应立刻停机修整。

④ 要定时对模具各滑动部位进行润滑，防止野蛮操作。

2. 塑料模具的维护方法

（1）应选择合适的成形设备，确定合理的工艺条件

选择注射机时，应按最大注射量、拉杆有效间距、模板上模具安装尺寸、最大模厚、最小模厚、模板行程、推出方式、推出行程、注射压力、合模力等各项进行核查，满足要求后方可使用。若注射机太小，则满足不了要求，太大又会因合模力调节不合适而损坏模具或模板，同时又使效率降低。工艺条件的合理确定也是正确使用模具的内容之一。合模力太大、注射压力太高、注射速率太快、模温过高等都会对模具使用寿命造成损害。

（2）模具装上注射机后，要先进行空模运转

观察其各部位运转动作是否灵活，是否有不正常现象，推出行程、开启行程是否到位，合模时分型面是否吻合严密，装模螺钉是否拧紧等。

（3）模具的使用

模具使用时，要保持正常温度，不可忽冷忽热。在常温下工作，可延长模具的使用寿命。

模具上的滑动部件，如导柱、复位杆、推杆、型芯、导滑槽等，要随时观察，定时检查，适时擦洗并加注润滑油脂，尤其在夏季室温较高时，每班最少加两次油，以保证这些活动件运动灵活，防止紧涩咬死。

每次合模前，均应注意型腔内是否清理干净，绝对不准留有残余制品或其他任何异物。清理时严禁使用坚硬工具，以防碰伤型腔表面。

（4）模具的型腔表面的维护

型腔表面有特殊要求的模具，如表面粗糙度小于或等于 $0.2\ \mu m$，绝对不能用手抹或用棉丝擦，应用压缩空气吹，或用高级餐巾纸和高级脱脂棉蘸上酒精轻轻地擦抹。

型腔表面要定期进行清洗。注射模具在成形过程中往往会分解出低分子化合物腐蚀模具型腔，使得光亮的型腔表面逐渐变得暗淡无光而降低制品质量，因此需要定期擦洗。擦洗可以使用醇类或酮类制剂，擦洗后要及时吹干。

（5）运行中的维护

工作中认真检查各控制部件的工作状态，严防辅助系统发生异常。加热、控制系统的保养对热流道模具尤为重要。在每一个生产周期结束后，都应对棒式加热器、带式加热器、热电偶等用欧姆表进行测量，并与模具的技术说明资料相比较，以保证其功能的完好。与此同时，控制回路可通过安装在回路内的电流表测试。抽芯用的液压缸中的油尽可

能排空，油嘴密封，以免在储运过程中液压油外泄污染模具和周围环境。

在生产中听到模具发出异声或出现其他异常情况，应立即停机检查。模具维修人员对车间内正常运行的模具，要进行巡回检查，发现有异常现象时，应及时处理。

注射工在交接班时，除了交接生产、工艺等有关记录外，对模具使用状况也要有详细的交代。

（6）临时停机的维护

注射工离开需临时停机时，应把模具闭合上，不让型腔和型芯暴露在外，以防意外损伤。当停机时间预计超过 24 小时时，要在型腔、型芯表面喷上防锈剂或脱模剂。尤其在潮湿地区和雨季，时间再短也要做防锈处理。空气中的水汽会使模腔表面质量降低，制品表面质量下降。模具再次使用时，应将模具上的油除去，擦干净后才可使用，否则会在成形时渗出而使制品出现缺陷。

临时停机后开机，打开模具后应检查侧抽限位是否移动，未发现异常，才能合模。

为延长冷却水道的使用寿命，在模具停用时，应立即用压缩空气将冷却水道内的水清除并风干，有条件的话，也可由热空气烘干。

3．塑料模具的卸模

① 模具使用完毕后，要按正常操作程序将模具从机床上卸下，绝对不能乱拆乱卸。
② 拆卸后的模具要擦拭干净，并涂油防锈。
③ 模具吊运要稳妥，要注意慢起、轻放。
④ 选取模具工作后的最后几件制品检查，确定是否需要检修。
⑤ 确定模具的技术状况，使其完整及时送入指定地点保管。
⑥ 保管存放的地点一定要通风良好、干燥。

 **任务实施**

1．塑料模具的维护

塑料模具的维护、保养与保管方法基本与冲压模具相同，但是塑料模具同其他模具相比，结构更加复杂精密，对操作和维护的要求也就更高。因此，在整个生产过程中，正确地使用和精心地维护、保养，对维持企业正常生产，提高企业效益，具有十分重要的意义。

① 塑料模具在使用前，要对照工艺文件检查所使用的模具和设备是否正确，规格、型号是否与工艺文件统一，了解塑料模具的使用性能、结构特点及作用原理，熟悉操作方法，检查塑料模具是否完好。
② 正确安装和调试塑料模具。
③ 在开机前，要检查塑料模具内外有无异物，所用原料是否干净整洁。

④ 塑料模具在使用中，要遵守操作规程，随时检查运转情况，发现异常现象要随时进行维护性修理，并定时对塑料模具的工作表面及活动配合面进行表面润滑。

2. 塑料模具的保管

当塑料模具完成制品生产数量，要下机更换其他塑料模具时，应将该模具型腔内涂上防锈剂，将模具及其附件送交模具保管员，并附上最后一件生产合格的制品作为样件一起送交保管员。此外，还应送交一份模具使用单，详细填写该模具在什么机床上，从某年某月至某年某月，共生产多少数量制品，现在模具是否良好。若模具有什么问题，要在使用单上填写该模具存在什么问题，提出修改或完善的具体要求，并交一件未经修"飞边"的制品样件给保管员，留给模具工修模时作为参考。

模具与经常使用的机械设备不同，从这次用来成型到下次再使用，中间可能要间隔相当长的时间，若在这段时间里维护、保养和管理不好，不仅会影响模具的使用寿命，而且在下次成型时还会带来麻烦，降低成型效率，因而对这个问题应引起足够重视。不论是正在生产中的模具或是暂不生产的模具，都应制订模具日常、定期保养计划。

此外，应设立模具库，设专人保管，并建立模具档案。有可能的话，最好对模具实行计算机管理。模具库应选择潮气小、容易通风的地方，湿度应保持在70%以下。若湿度超过70%，则模具很容易生锈。模具应上架存放，注意防蚀、防尘。可以套上塑料口袋或包上油纸，并标上需要修理或完成保养的记号。

 **任务考核**

塑料模具的维护考核评价表如表7-1所示。

表7-1　塑料模具的维护考核评价表

| 序号 | 实施项目 | 考核要求 | 配分 | 评分标准 | 得分 |
|---|---|---|---|---|---|
| 1 | 塑料模具的维护项目 | 了解塑料模具的维护项目 | 40 | 目的明确 | |
| 2 | 塑料模具的维护方法 | 掌握塑料模具的维护方法 | 40 | 目的明确 | |
| 3 | 塑料模具的保管 | 了解塑料模具的保管要求 | 20 | 目的明确 | |

# 任务2　塑料模具的修理

 **任务引入**

本任务主要介绍塑料模具的修理。通过本任务的学习，要求学生基本掌握塑料模具的

修理方法及工艺过程，并能对模具的常见故障进行分析、处理。

 **任务分析**

塑料模具的修理，包括使用过程中的维护性修理，以及损坏和磨损后的修理，涉及修理原因、修理方式、修理手段等。

 **相关知识**

1. 塑料模具的修理工艺

在生产中，塑料模具损坏修理分为随机故障修理和翻修。采用随机故障修理还是翻修，要视塑料模具损坏的程度。塑料模具维修工艺过程如下。

（1）分析修理原因

① 熟悉模具图样，掌握其结构特点及动作原理。

② 根据制件情况，分析塑料模具需维修的原因。

③ 确定塑料模具需维修的部位，观察其损坏情况。

（2）制订修理方案

① 制订修理方案，确定修理方法，即确定出塑料模具大修或小修方案。

② 制定修理工艺。

③ 根据修理工艺，准备必要的修理专用工具及备件。

（3）修配

① 对模具进行检查，拆卸损坏部位。

② 清洗零件，并核查修理原因并进行方案的修订。

③ 配备及修理损坏零件，使其达到原设计要求。

④ 更换修配后的零件，重新装配模具。

（4）试模与验证

① 修配后的模具用相应的设备进行试模与调整。

② 根据试件进行检查，确定修配后的模具质量状况。

③ 根据试件情况，检查修配后是否将原故障排除。

④ 确定修配合格的模具，打刻印，入库存放。

2. 塑料模具的检修原则

塑料模具在使用过程中，如果发现主要部件损坏或失去使用精度时，应进行全面检修。塑料模具的检修原则如下。

① 塑料模具零件的更换一定要符合原图样规定的材料牌号和各项技术要求。

② 检修后的塑料模具一定要重新试模和调整，直到生产出合格的制件后，方可交付使用。

**3. 塑料模具的修理步骤**

① 在检修塑料模具前，要用汽油或清洗剂清洗干净。

② 将清洗后的模具，按原图样的技术要求检查损坏部位的损坏情况。

③ 根据检查结果编制修理方案卡片，卡片上应记载如下内容：模具名称、模具号、使用时间、模具检修原因及检修前的制件质量、检查结果及主要损坏部位、修理方法及修理后能达到的性能要求。

④ 按修理方案卡片上规定的修理方案拆卸损坏部位。拆卸时，可以不拆的尽量不拆，以减少重新装配时的调整和研配工作。

⑤ 将拆下的损坏零部件按修理卡片进行修理。

⑥ 安装和调整。

⑦ 将重新调整后的模具进行试模，检查故障是否排除，制件质量是否合格，直至故障完全排除并试制出合格制件后，方能交付使用。

**4. 塑料模具的修理方法**

塑料模具的修理常用堆焊修理、镶件修理、扩孔修理、凿捻修理、增生修理、电镀修理等方法。

**5. 常用的模具修理手段**

当模具出现问题后，采取何种方法进行修理，主要取决于损坏的类型及模具结构，模具维修人员应根据具体情况，制定出具体可行的修理方法并实施，以保证模具的正常运行。常用的模具修理手段有电刷镀、堆焊、电阻焊、镶拼、挤胀、扩孔和更换新件等。

（1）电刷镀

电刷镀是电镀的一种特殊方式，即不用镀槽，只需要在不断供给电解液的条件下，用一支镀笔在工件表面上进行擦拭，从而获得电镀层。因此，电刷镀有时又称做无槽电镀或涂镀。

电刷镀是在金属工件表面局部快速电化学沉积金属的技术，电刷镀技术可用于模具的表面强化处理及修理工作，如模具型腔表面的局部划伤、拉毛、蚀斑磨损等缺陷。修理后，模具表面的耐磨性、硬度、粗糙度等都能达到原来的性能指标。

电刷镀工作原理如图7-1所示。

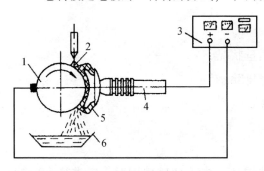

**图7-1 电刷镀工作原理**

1—工件　2—镀液　3—电源　4—镀笔
5—脱脂棉　6—容器

转动的工件接直流电源的负极，电源的正极与镀笔相接，镀笔端部的不溶性石墨电极用脱脂棉包住，浸满金属电镀溶液，在操作过程中不停地旋转，使镀笔与工件保持着相对运动，多余的镀液流回容器。镀液中的金属正离子在电场作用下，在阴极表面获得电子而沉积刷镀在阴极表面，可达到 0.01～0.50 mm 的厚度。

电刷镀技术有如下特点。

① 不需要镀槽，可以对模具的局部表面刷镀。设备操作简单，机动灵活性强，可在现场就地施工，不受工件大小、形状的限制，甚至不必拆下零件即可对其进行局部刷镀。

② 可刷镀的金属比槽镀多，选用更换方便，易于实现复合镀层，一套设备可镀金、银、铜、铁、锡、镍、钨、铟等多种金属。

③ 镀层与基体金属的结合力比槽镀牢固，速度比槽镀快 10～15 倍（镀液中离子浓度高），镀层厚薄可控性强，耗电量是槽镀的几十分之一。

④ 因工件与镀笔之间有相对运动，故一般都需要人工操作，很难实现高效率的大批量、自动化生产。

（2）堆焊

堆焊是焊接的一个分支，是金属晶内结合的一种熔化焊接方法。但它与一般焊接不同，不是为了连接零件，而是用焊接的方法，在零件的表面堆敷一层或数层具有一定性能材料的工艺过程。堆焊的目的在于，修理零件或增加其耐磨、耐热、耐蚀等方面的性能。堆焊通常用来修补模具内诸如局部缺陷、开裂或裂纹等修正量不大的损伤。目前用得较为广泛的是氩气保护焊接，即氩弧焊。

氩弧焊具有氩气保护性良好、堆焊层质量高，热量集中、热影响区小，堆焊层表面洁净、成形良好和适应性强等优点。但需要操作者具有丰富的经验，熟知模具材料及热处理性能，这样才能保证模具在焊接过程中不开裂、无气孔。为此，氩弧焊在使用中必须遵循以下基本原则。

① 焊丝材料必须与所焊的模具材料相同或至少与材料相近，硬度值相同或相近，以使模具的硬度和结构均匀一致。

② 电流强度应控制得很小，这样可防止模具局部硬化以及产生粗糙结构。

③ 所焊零件一般需要预热，特别是对较大型零件，以减少局部过热造成的应力集中。

预热温度必须达到马氏体形成温度之上，具体数值可从有关金属的相态图中获取。但加热温度不能太高（一般在 500℃ 以下），否则将增大熔焊深度。模具在整个焊接过程中，必须保持预热温度。

④ 焊后的零件根据具体情况，需要进行退火、回火或正火等热处理，以改善应力状

态和增强焊接的结合力。

（3）电阻焊

目前，应用较普遍的便携式工模具修补机，其原理可归于电阻焊之列。电阻焊可输出一种高能电脉冲，这种电脉冲以单次或序列方式输出，将经过清洁的待修理的零件表面覆以片状、丝状或粉末状修补材料，在高能电脉冲作用下，修补材料与零件结合部的细微局部产生高温，并通过电极的碾压，使金属熔接在一起。电阻焊具有熔接强度高、修补精度高、适用范围大、零件不发热、零件损伤小和修理层硬度可选等优点，主要用于尺寸超差、棱角损伤、氩弧焊不足、局部磨损、锈蚀斑和龟裂纹等的修补，但不适于滑动部位的修补。图7-2和图7-3所示分别是应用片材和粉末材料修补零件的示意图。

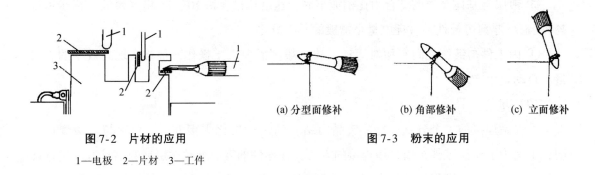

(a) 分型面修补　　(b) 角部修补　　(c) 立面修补

图7-2　片材的应用　　　　　　图7-3　粉末的应用

1—电极　2—片材　3—工件

（4）镶拼

用镶拼法修理模具有以下几种方法。

① 镶件法。镶件法是利用铣床或线切割等加工方法，将需修理的部位加工成凹坑或通孔，然后制造新的镶件，嵌入凹坑或通孔里，从而达到修理的目的。修理时应尽量做到使镶件正好在型腔、型芯的造型区间分界线上，如图7-4所示，这样可以遮盖修补的痕迹，否则镶件拼缝处会在制品上留有痕迹。

② 加垫法。加垫法是将大面积平面严重磨损的零件，加垫一定高度后，再加工至原来尺寸，如图7-5所示。$A$ 面发生磨损，可将 $A$ 面磨去 $\delta$ 厚，在 $B$ 面加垫片 $\delta$ 厚以补偿，相应的型芯上口处也要磨去 $\delta$ 厚。该法简便，适用性强，在模具的修理工作中经常会用到。

③ 镶金牙法。镶金牙法的原理如图7-6所示，其过程是把压坏了的型腔、型芯等部件，在压坑处用凿子凿一个不规则的小坑［如图7-6（b）所示］，并用凿子把小坑周边向外稍翻卷；然后把一根纯铜烧红，退火后取一小段塞在小坑内，用碾子将纯铜碾实，并把小坑四周翻边踩平盖上，将纯铜嵌住［如图7-6（c）所示］，然后钳工用小锉修平，用油石、砂纸打磨光滑即可。

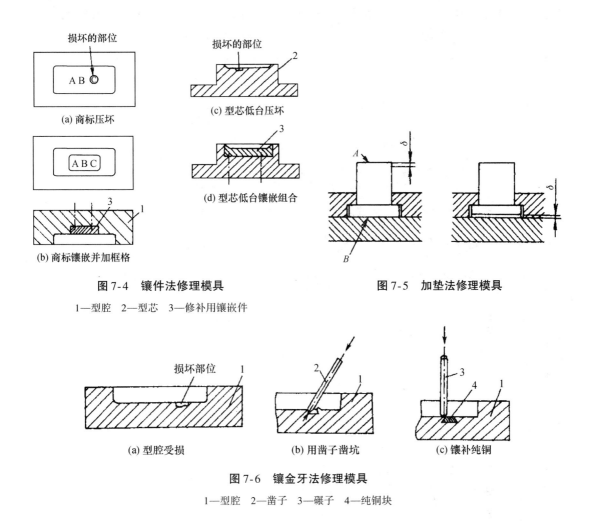

图 7-4　镶件法修理模具

1—型腔　2—型芯　3—修补用镶嵌件

图 7-5　加垫法修理模具

图 7-6　镶金牙法修理模具

1—型腔　2—凿子　3—碾子　4—纯铜块

④ 镶外框法。当成形零部件在长期的交变热及应力作用下出现裂缝时，可先制成一个钢带夹套，其内尺寸比零件外尺寸稍小，成过盈配合形式，然后将夹套加热烧红后，再把被修的零件放在夹套内，冷却后零件即被夹紧，这样就可以使裂纹不再扩大。

（5）挤胀

利用金属的延展性，对模具局部小而浅的伤痕，用小锤或小碾子敲打四周或背面来弥补伤痕的修理方法。如图 7-7（a）所示，分型面沿口处出现一个小缺口，此时可在缺口处附近（2～3 mm）钻一个 10 mm 深的 $\phi8$ mm 小孔，用小碾子从小孔向缺口处冲击碾挤，当被碰撞的缺口经碾挤后，向型腔内侧凸起时，如图 7-7（b）所示，观察其凸起的量够修理的量时，就停止碾挤，把小孔用钻头扩大成正圆，并把孔底扩平，然后用圆销将孔堵平填好，再把被碾凸的型腔侧壁修理好即可，如图 7-7（c）所示。

若损坏的部位在型腔底部，可用同样方法进行修理。图 7-8（a）所示为被压坏的型腔，可在其背面钻一个大于压坏部位一倍的深孔，距离型腔部分的距离 $h$ 为孔径的 $1/2\sim$ $2/3$。然后用碾子冲击深孔底部，使型腔表面隆起，如图 7-8（b）所示。接着用圆销堵好焊死，最后把型腔底部隆起部分修平修光，恢复原状即可，如图 7-8（c）所示。

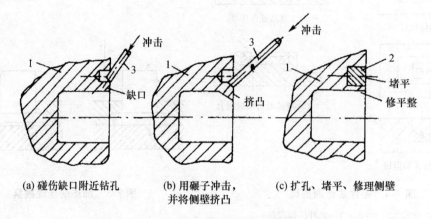

(a) 碰伤缺口附近钻孔　　(b) 用碾子冲击，　　(c) 扩孔、堵平、修理侧壁
　　　　　　　　　　　　　并将侧壁挤凸

图 7-7　用挤胀法修理局部碰伤

1—型腔　2—圆销　3—碾子

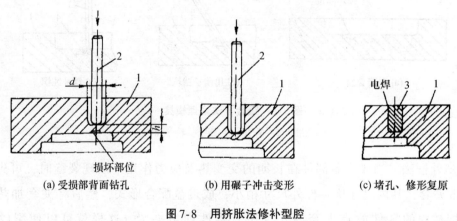

(a) 受损部背面钻孔　　(b) 用碾子冲击变形　　(c) 堵孔、修形复原

图 7-8　用挤胀法修补型腔

1—型腔　2—碾子　3—圆销

（6）扩孔

当各种杆的配合孔因滑动磨损而变形时，采用扩大孔径，将配用杆的直径也用相应加大的方法来修理，称扩孔法。当模具上的螺纹孔或销钉孔由于磨损或振动而损坏时，一般也采用此法进行修理。该方法操作简单，可靠性很强。

（7）更换新件

这种方法主要应用于杆、套类活动件折断或严重磨损情况下的修理。对于其他部件，当采用现有的修理手段均不可行时，也需要更换新件来使模具能够正常使用。

6. 塑料模具修理方法

塑件出现不良现象的种类较多，原因也很复杂，有模具方面的原因，也有工艺条件方面的原因，二者往往交织在一起。在修模前，应当根据塑件出现的不良现象的实际情况，进行细致的分析研究，找出造成塑件缺陷的原因后提出补救方法。因为成型条件容易改变，所以一般的做法是先变更成型条件，当变更成型条件不能解决问题时，才考虑修理模具。当模具出现问题后，采取何种方法进行修理，主要取决于损坏的类型及模具结构，模具维修人员应根据具体情况，制订出具体可行的修理方法并实施，以保证模具的正常运行。

（1）导向与定位件的磨损及修理

导柱、导套是塑料模具最常用的导向及定位零件，在使用过程中较容易磨损，一般均为标准件。出现磨损后，间隙过大，定位精度超差，会影响制品的尺寸。若磨损拉伤不严重，可及时用油石、砂纸打磨即可使用；若严重拉伤或啃坏，则需要更换新件，重新寻找定位精度。

如果导柱、导套之间经常发生单面磨损或拉伤折断，则不能总是更换新件，应分析具体损坏原因，才能从根本上解决问题。一般来说有以下几种情况，如四根导柱配合松紧不一致，会使受力不平衡而引起拉伤、啃坏；导柱孔与分型面不垂直，使开模时导柱轴线与开模运动方向不平行等。只有找到具体损坏原因，才能彻底解决问题。

对于大、中型模具，主要用定位块起定位作用，这种定位装置配合面积大、定位精度高，在长期使用过程中，也会由于磨损而降低定位精度，这时可通过以下方法进行修理。

如图 7-9 所示，定位块在长期使用中磨损，$L$ 尺寸变小，定位精度超差。这时可在其下端面垫上 $\Delta$ 厚垫片，使 $L$ 尺寸复原，对 $E$、$F$ 两面进行适当的修整，即可达到修理的目的。另一种方法是将磨损面电刷镀修理后，再用磨床磨削到原始尺寸。

（2）分型面的磨损及修理

模具使用一段时间后，原本很清晰光亮的分型面，会出现凹坑或麻面，尤其是型腔边缘尖角变成了钝口，使制品产生飞边、毛刺等缺陷，制品质量达不到设计标准，需人工进行二次修边。

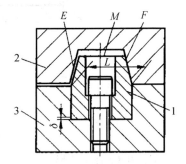

**图 7-9　定位块修理**

1—定位块　2—定模板　3—动模板

分型面损坏的原因是多方面的，如注射量和注射压力过大，引起分型面反复胀开而磨损；分型面上有残余料没有清理干净即合模引起变形；取制品时操作不慎，磕碰型腔沿口处；模具长期反复闭合、开启而引起的正常磨损等。若磨损的量不大，将分型面用平面磨床磨去

$δ$厚（约$0.1\sim0.3\,mm$），如图7-10所示。但此时制品在开模方向上的尺寸将变小，需同心修改型腔深度，用电极将型腔1的底部$A$面往深打量补偿即可。对分型面上的局部磨损，可视具体情况采用前述的挤胀、镶拼等方法进行修理；对于小缺口，也可采用焊接的方法修理。当损坏严重无法修理时，就需要更换型腔件。

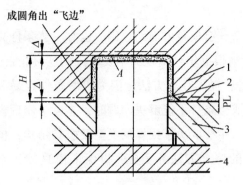

**图7-10　分型面出现飞边的处理**

1—型腔　2—型芯　3—型芯固定板　4—支承板

（3）侧抽机构的磨损及修理

在模具开合过程中产生移位而实现脱模的机构称为侧抽机构。其中的滑动件一般采用中碳钢进行淬火或调质来达到硬度要求，也有采用合金工具钢制成的。因此，与滑动件相对应的承压件必然磨损严重，致使滑动件不能精确复位。这时可通过对滑动部位加油、对磨损部位修补调节进行修理，如图7-11所示。侧抽机构中耐磨件在使用一段时间后产生凹槽，工作件不能及时复位。一种修理方法为：将耐磨件磨损部位焊补后再磨削至原始尺寸；另一种方法为：将$F$面磨去$Δ$厚，将$E$面用加垫法提高$Δ$厚，以补偿磨损量。磨损严重者可将磨损件更换成新的，按实际尺寸加工配件。

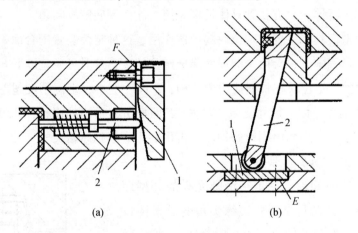

(a)　　　　　　　　　　(b)

**图7-11　滑动件修理**

1—耐磨件　2—工作件

侧抽机构损坏的另一个原因是侧抽机构动作失灵，维修人员应设法查找和消除隐患，从根本上解决问题。

（4）型腔表面损坏及修理

模具在使用过程中，型腔表面不断受到高温、高压及腐蚀的作用，这是由塑料的流动及受热的化学反应引起的，致使在型腔表面硬度低的部位，磨损很快，以致制品尺寸变大。这是影响模具使用寿命的主要原因。一般需通过正确选择模具材料和合理的表面硬化处理及合适的热处理来减小磨损，但磨损是不可避免的。若整体磨损严重，可采用将型腔和型芯刷镀的方法进行修理，镀层厚度可达 0.8 mm。对于型腔表面局部的严重磨损可采用焊接的方法来修理。

（5）镶块松动及修理

在设计模具时，经常使用镶块来简化模具结构以便于加工制造。镶块通常是以过盈配合方式镶入模体内，使用一段时间后，接合缝产生间隙以致松动，使制品产生飞边。要从根本上解决问题，需要更换新的镶块，进行重新研配，以达到尺寸如初的效果。

（6）研合面磨损及修理

成形通孔的模具零部件通常有研合面，长期使用可产生端面磨损而使通孔不通，在制品上造成飞边。这时可采用加垫法将型芯上提，重新研合或重新加工端面。如果仅是由于型芯倒边而使通孔出现飞边，可将磨损部位焊接补平，然后磨平研合即可。

（7）意外损坏，推杆折断

模具在使用过程中经常会出现推杆折断的现象，其原因有以下几种：如多根推杆配合松紧不一致，会引起推出力不平衡，产生偏载以致折断；推杆孔与分型面不垂直，推出时与推出运动方向不平行引起的折断；推杆数量较多时，推杆固定板与推板太薄，刚性不够，使推出时产生弹性或塑性变形引起的推杆折断；推板和推杆固定板无导向驱动，在卧式注射机上因自重下垂产生偏载力矩引起推杆折断等。推杆折断后若脱出型腔，可重新更换新的推杆，同时重新研配推杆孔来进行修理。若留在型腔中没有及时清除，则在合模时会损坏型腔，轻者可采用镶拼、刷镀、焊接、挤胀的方法进行修理，重者可能会使模具报废，需重新制造型腔或更换整体式型腔板才能使模具继续使用。

这就要求注射工在模具使用过程中细心观察、认真操作、定期维修，对易损件及时更换，对某些零件在使用中发现质量有问题、结构不可靠、动作不灵活等，都应及时更换、修理和改进。只要经常查看模具动作，突发事件是可以减少和避免的。

（8）异物掉入型腔

异物掉入型腔内未被发现就合模，会造成型腔和型芯被挤压从而造成损坏。如果掉入的异物是残余料，损坏程度稍轻一些；如果掉入的是金属件，则会严重损坏型腔。特别是抛光面型腔和仿真纹面型腔，会给修理带来很大困难。若型腔轻微损伤，可采用前述挤胀法予以修理；若型腔损坏严重，则主要靠镶拼、焊接、刷镀、更换新件的方法来修理。但要想完全恢复原状是非常困难的，这就要求注射工和模具维修工严格按照前面模具维修和保养的项目来做，小心谨慎，防患于未然。

（9）模具开裂

当模具刚性不足时，由于成形时反复变形产生疲劳，往往在箱形制品型腔拐角处产生裂纹，造成模具开裂。这时可采用前述从模具外侧镶框的办法来增强刚性，以免裂纹继续扩展，这样，在制品表面上留下的裂纹痕迹就不会十分明显。

 **任务实施**

塑料模具修理中常见问题、产生原因及解决方法如表 7-2 所示。

表 7-2　塑料模具修理中常见问题、产生原因及解决方法

| 常见问题 | 产生原因 | 解决方法 |
|---|---|---|
| 弹簧易断 | 1. 弹簧固定孔过短<br>2. 弹簧过长<br>3. 弹簧质量太差<br>4. 弹簧老化 | 1. 准确计算弹簧压缩长度，适当加深弹簧孔<br>2. 适当减短弹簧或加深弹簧孔<br>3. 改换弹簧品种<br>4. 更换新弹簧 |
| 型芯易断 | 1. 推管孔与型芯孔不同直线<br>2. 推管质量差且溢入塑料<br>3. 推出板顶出不平衡<br>4. 离浇口过近 | 1. 改进推管和孔轴心<br>2. 改用推管品种<br>3. 加推杆<br>4. 改良浇口 |
| 顶出问题 | 1. 推杆不光滑<br>2. 倒扣严重<br>3. 推出不平衡<br>4. 柱（加强筋）过长 | 1. 抛光<br>2. 打磨或加大脱模斜度<br>3. 加推杆<br>4. 加推管或加推针 |
| 漏水 | 1. 密封圈配合不良<br>2. 密封圈老化<br>3. 型芯崩裂<br>4. 配合不紧 | 1. 改换适当密封圈<br>2. 更换密封圈<br>3. 适当烧焊、改变水路<br>4. 增加螺丝或收紧 |
| 型芯断裂 | 1. 老化<br>2. 进浇点不当<br>3. 压力过大<br>4. 模具结构不合理 | 1. 重做<br>2. 改良进浇点<br>3. 改良注塑工艺参数<br>4. 适当改良 |
| 产品夹纹、气纹问题 | 1. 浇口（进浇点）不适<br>2. 排气问题<br>3. 阻碍进浇<br>4. 壁厚不均 | 1. 研究改良浇口（进浇点）<br>2. 选择适当地方排气<br>3. 改良模具进浇点和注塑工艺<br>4. 适当改良壁厚的厚薄 |
| 产品变形 | 1. 料位不均匀<br>2. 冷却问题<br>3. 柱位或加强筋过长<br>4. 注塑过热 | 1. 适当加、减塑料<br>2. 改良冷却水路<br>3. 适当改良加强筋<br>4. 改良注塑工艺 |

续表

| 常见问题 | 产生原因 | 解决方法 |
|---|---|---|
| 顶白现象 | 1. 浇口（进浇点）不适<br>2. 推杆位不适 | 1. 改良浇口（进浇点）<br>2. 改良推杆位置 |
| 型芯崩裂 | 1. 冷却水过近<br>2. 模具结构问题<br>3. 质量问题<br>4. 材料问题 | 1. 视情况而定烧焊维修或重新加工<br>2. 适当改良模具结构<br>3. 选用优质材料更新<br>4. 选用优质材料更新 |

塑料模具修理考核评价表如表 7-3 所示。

表 7-3　塑料模具修理考核评价表

| 实施项目 | 考核要求 | 配分 | 评分标准 | 得分 |
|---|---|---|---|---|
| 塑料模具修理中常见问题、产生原因、解决方法 | 根据现象分析产生原因，找出解决方法 | 100 | 找出解决方法 | |

# 项目思考与练习 7

1. 简述塑料模具的维护方法。
2. 简述塑料模具的修理步骤。

# 项目 8 模具拆卸工艺

## 任务 1 冲压模具的拆卸

 **任务引入**

本任务是将冲压模具拆卸，图 8-1 所示为冲压模具外观结构。为对现有冲压模具进行维修、改造或分析研究，需进行模具拆卸，将零件分别测量并绘制成草图，然后整理并绘制出装配图和零件图。

通过本任务的学习，熟悉冲压模具拆卸注意事项，并了解分析冲压件的几何形状、模具结构特点、工作原理以及各零件之间的装配关系和紧固方法、相对位置和拆卸方法。要求按钳工的基本操作方法进行，以免损坏模具零件。

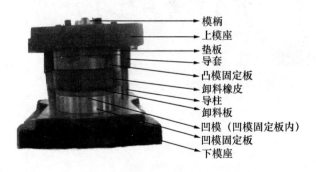

图 8-1　冲压模具外观结构

 **任务分析**

冲压模具在装配以后，经过试模发现模具出现缺陷，或使用一段时间需要维修、改造，因此需要进行拆卸。拆卸是模具维修保养的一项重要工作，本任务主要是掌握冲压模具拆卸的工艺流程和注意事项。

根据上述任务描述，模具拆卸前应做好准备工作，如场地准备、模具的吊装准备、模具准备、工具准备等，还要了解模具的结构，模具拆卸的目的及拆卸顺序等。

　　拆卸前要对模具类型进行分析，观察各类零部件结构特征，针对不同类型模具采用不同的拆卸方法和顺序，做好工艺安排，以避免拆卸产生损坏。拆卸前还要分析要拆卸模具的工作原理，如送料方式、卸料类型等。一般先将上模座和下模座分开，分别将上模座、下模座的凸凹模从固定板拆下，然后拆下各结构零部件。

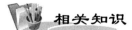 **相关知识**

1. 拆卸时的注意事项

拆卸时应注意以下几点。

　　① 拆卸过程中要特别注意人身安全，拆下的上模座与下模座和固定板等零件务必放置稳当，防止滑落、倾倒砸伤人而出现事故，特别是大型的冲压模具更要注意这一点。

　　② 各类对称零件及安装方位易混淆的零件，在拆卸时要做上记号，以免安装时搞错方向。

　　③ 准确使用拆卸工量具。拆装的工量具有游标卡尺、角尺、内六角扳手、平行铁、台虎钳、锤子、紫铜棒等常用钳工工量具。拆卸过程中不准用锤头直接敲打模具，防止模具零件变形，需要打击时要用紫铜棒，拆卸配合件时要分别采用拍打、压出等不同方法对待不同配合关系的零件。

　　④ 拆下的螺栓、销钉及各类小零件需用盒子装起来，或分类摆放整齐，防止丢失，也方便随后安装，避免细小零件丢失。

　　⑤ 上下模的导柱和导套一般不要拆下，否则不易还原。

2. 冲压模具拆卸顺序

（1）翻转模具

首先把模具翻转，基准面朝上放在工作台上。

（2）分离上模、下模

用紫铜棒向模具分离方向打击导柱、导套附近的模板。开模时，上下模要平行，严禁在模具歪斜的情况下猛打。大型模具要水平放置，即装模使用状态，用方木或平行垫铁垫在模具下面，需用吊车吊起上模，用紫铜棒打击下模打击导柱、导套附近的模板，保证平行分开上模、下模，避免斜拉损坏导柱、导套及其他模具零件。

（3）下模拆卸

上模、下模分离后，对下模进行拆卸。

　　① 用内六角扳手卸下凸模、凹模的坚固螺栓及卸料螺钉，由下模座底面向凸模、凹模方向打出全部定位销钉，然后分开凸模、凹模固定板，取下卸料弹簧（或卸料橡胶）、

卸料板和下模座。

②　若凹模在下模，且有导料板，则卸下导料板螺钉和定位销钉，使导料板与凹模分开。若凹模是镶拼结构，应首先拆出紧固凹模的内六角螺栓，拆卸时用平行垫铁垫起固定板两侧，垫铁尽量靠近凹模外形边缘，以减小力臂。用铜棒打出凹模（凸凹模），凹模受力要均匀，禁止在歪斜情况下强行打出，以保证凹模和固定板完好不变形。

（4）上模拆卸

上模、下模分离后，对上模进行拆卸。

①　如果是螺钉固定式凸缘模柄，拆下螺钉和销钉，分离模柄和上模座；如果是嵌入式模柄，需等上模全部拆卸完毕后再用紫铜棒打出。

②　用内六角扳手卸下凸模紧固螺栓。

③　由上模座顶面向固定板方向打出销钉，分开上模座、上垫板、凸模固定板。

④　用紫铜棒将凸模从凸模固定板中打出。

3. 草绘冲压模具零件

模具拆卸完毕，开始草绘零件图时应分门别类测量，以保证配合零件的尺寸与公差相协调或一致，重点是要维修的零件。

①　用煤油或柴油，将拆卸下来的零件上的油污、轻微的铁锈或附着的其他杂质擦拭干净，并按要求有序存放。

②　典型冲压模具的组成零件按用途可分三类：成型零件、结构零件和导向零件，观察各类零部件结构特征，并记住名称。

③　测量上模、下模各零件并绘制草图。组成模具的每种零件，除标准件外，都应画出草图，各关联零件之间的尺寸要协调一致。对于标准件，只要测量出其规格尺寸，查有关标准后列表记录即可。

草图绘制格式及标注内容按机械制图标准。

4. 制订维修零件的修配工艺方案及要求

①　根据测绘结果分析模具零件的磨损情况，确定需要更换的主要零件。

②　制订需要进行修理的零件修配工艺方案及要求。

表 8-1 是零件的修配工艺指导书。

表 8-1　零件的修配工艺指导书

| 单位 | 车间 | | 零件的修配工艺指导书 | | | 类别 | |
|---|---|---|---|---|---|---|---|
| | 共　页　第　页 | | | | | 编号 | |
| 序号 | 维修的零件 | 检查维修的零件 | 常见问题 | 解决办法 | 工具 | 注意事项 | 备注 |
| | | | | | | | |
| | | | | | | | |
| | | | | | | | |
| 更改依据 | | | 编　制 | | 校　对 | 审　核 | 批　准 |
| 标记及数目 | | | | | | | |
| 签名及日期 | | | | | | | |

**任务实施**

本任务是将冲压模具拆卸，拆卸过程如下。

（1）拆分上模、下模

首先，把模具基准面朝上放在工作台；上其次，用紫铜棒打击上模座分离导柱、导套，直到分离上模、下模。注意开模时，上下模要平行，严禁在模具歪斜的情况下猛打，不能划伤导柱和导套，必要时加点润滑油。

（2）上模、下模分离后，先对下模进行拆卸

① 用内六角扳手卸下凹模的坚固螺栓及卸料螺钉，拆卸时用平行垫铁垫起固定板两侧，垫铁尽量靠近凹模外形边缘，以减小力臂。由下模座底面向凹模方向打出全部定位销钉，然后分开凹模固定扳，保证凹模和固定板完好不变形，注意不能划伤凹模刃口和导柱工作表面。

② 取下卸料橡皮弹簧、卸料板和下模座。

③ 导料板与凹模分开，卸下导料板螺钉和定位销钉。

（3）上模拆卸

将上模部分翻转 90°置放在橡皮垫上，注意不能划伤凸模工作表面。

① 凸缘模柄拆卸，拆下螺钉和销钉，分离模柄和上模座。

② 用内六角扳手松开凸模固定板螺钉，卸除凸模固定板，将凸模倒置在橡皮垫上

③ 由上模座顶面向固定板方向打出销钉，分开上模座、上垫板、凸模固定板。

④ 用紫铜棒将凸模从凸模固定板中打出。

（4）草绘零件图

将拆卸下来的零件擦拭干净，有序存放，分门别类测量，重点是要维修的零件。

（5）制订维修零件的修配工艺方案及要求

 **任务考核**

冲压模具的拆卸考核评价表如表8-2所示。

表8-2　冲压模具的拆卸考核评价表

| 序号 | 实施项目 | | 考核要求 | 配分 | 评分标准 | 得分 |
|---|---|---|---|---|---|---|
| 1 | 拆分上模、下模 | 摆放模具 | 基准面朝上放在工作台上 | 5 | 操作熟练，保证安全 | |
| | | 拆分上模、下模 | 不能划伤导柱和导套 | 10 | 操作熟练，保证安全 | |
| 2 | 下模拆卸 | 卸下凹模 | 保证凹模和固定板完好不变形 | 10 | 操作熟练，保证安全 | |
| | | 取卜卸料橡皮弹簧、卸料板和下模座 | 分类摆放 | 5 | 分类摆放 | |
| | | 导料板与凹模分开，卸下导料板螺钉和定位销钉 | 分类摆放 | 5 | 分类摆放 | |
| 3 | 上模拆卸 | 凸缘模柄拆卸 | 正确操作 | 5 | 操作熟练、目的明确，保证安全 | |
| | | 打销钉，分开上模座、上垫板、凸模固定板 | 正确操作，分类摆放 | 10 | 分类摆放 | |
| | | 从凸模固定板中打出凸模 | 正确操作 | 10 | 分类摆放 | |
| 4 | 草绘零件图 | 擦拭各零件 | 擦拭干净 | 5 | 擦拭干净 | |
| | | 分类测量各零件 | 正确使用量具 | 10 | 正确使用量具 | |
| | | 草绘零件图 | 手绘零件图 | 10 | 零件图标注齐全 | |
| 5 | 制订维修零件的修配工艺方案及要求 | 分析模具零件的磨损情况，确定需要更换的主要零件 | 确定需要更换的主要零件 | 5 | 正确判断零件的磨损情况 | |
| | | 制订需要进行修理的零件修配工艺方案及要求 | 制订零件修配工艺方案 | 10 | 修理的零件修配工艺方案合理，要求明确 | |

# 任务 2　塑料模具的拆卸

**任务引入**

本任务是将塑料模具拆卸，图 8-2 为塑料模具的外观结构。为对现有塑料模具进行维修、改造或分析研究，需进行模具拆卸，将零件分别测量并绘制成草图，然后整理并绘制出装配图和零件图。

通过本任务的学习，熟悉塑料模具拆卸注意事项，并了解分析制品的几何形状、模具结构特点、工作原理以及各零件之间的装配关系和紧固方法、相对位置和拆卸方法。要求按钳工的基本操作方法进行，以免损坏模具零件。

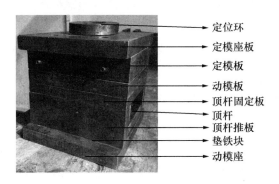

图 8-2　塑料模具的外观结构

**任务分析**

塑料模具在装配以后，经过试模发现模具出现缺陷或使用一段时间需要维修、改造，需进行拆卸。拆卸是模具维修保养的一项重要工作。本任务主要是掌握塑料模具拆卸的工艺流程和注意事项。

根据上述任务描述，模具拆卸前应做好准备工作，如场地准备、模具的吊装准备、模具准备、工具准备等。还要了解模具的结构，模具拆卸的目的及拆卸顺序等。

拆卸前要对模具类型进行分析，观察各类零部件结构特征，针对不同类型模具采用不同的拆卸方法和顺序，做好工艺安排，以避免拆卸产生损坏。拆卸前还要分析要拆卸模具的工作原理，如浇注系统类型、分型面及分型方式、顶出方式等。一般先将动模和定模分开，分别将动、定模的紧固螺钉拧松，再打出销钉，用拆卸工具将模具各主要板块拆下，然后从定模板上拆下主浇注系统，从动模上拆下顶出系统，拆散顶出系统各零件，从固定板中压出型芯等零件，有侧向分型抽芯机构时，拆下侧向分型抽芯机构的各零件。

**相关知识**

1. 拆卸时的注意事项

拆卸时应注意以下几点。

① 拆卸前，应先测量一些重要尺寸，如模具外形的长、宽、高。为了便于把拆散的模具零件装配复原和画出装配图，在拆卸过程中，各类对称零件及安装方位易混淆的零件应做好标记，以免安装时搞错方向。

② 准确使用拆卸工量具。拆装的工量具有游标卡尺、角尺、内六角扳手、平行铁、台虎钳、锤子、紫铜棒等常用钳工工量具。拆卸过程中不准用锤头直接敲打模具，防止模具零件变形。需要打击时要用紫铜棒，拆卸配合件时要分别采用拍打、压出等不同方法对待不同配合关系的零件。

③ 拆出的零配件要分门别类，及时放入专门盛放零件的塑料盒中，以免丢失。

④ 不可拆卸零件和不易拆卸零件，不要拆卸。如型芯（型腔）与固定板为过盈（紧）配合或有特殊要求的配合，不要强行拆卸，否则难以复原。遇到不易拆卸需要维修型芯（型腔），应该做好安装基准标记、分析不易拆卸原因，妥善拆卸。

⑤ 拆卸过程中要特别注意人身安全，另外，要注意拆下的动、定模座板和固定板等重量和外形较大的零件务必放置稳当，防止因滑落、倾倒砸伤人而出现事故，特别是大型的塑料模具更要注意这一点。

2. 塑料模具拆卸顺序

（1）模具外部清理与观察

仔细清理模具外观尘土及油渍，并仔细观察要拆卸的塑料模具外观。记住各类零部件结构特征及其名称，明确它们的安装位置，安装方向（位）。明确各零部件的位置关系及其工作特点。

（2）模具放置

大、中型模具重量和体积较大，人无法搬动，必须采用吊车或手动葫芦起重，因此模具要竖直放置在等高垫铁或方木上，定模在上，动模在下。

小型模具重量较轻，不需要起重设备模具应水平放置。

（3）拆出模具锁板

在模具搬运和吊装时要防止动、定模自动分离而发生事故，因此用锁板把动、定模固定在一起。首先拆出模具锁板及冷却水嘴。若是三板模且定距拉板（杆）、拉扣在模外的，要拆出定距拉板及拉扣。

（4）分开动、定模

分开大、中型模具时，在定模吊装螺丝孔内装上适用的 4 个起重吊环，用钢丝绳吊起模具，不要吊得太高，离地 30～50 mm 即可，再用紫铜棒向模具分离方向（下）打击导柱附近的模板，分离一段，吊高一点，直至完全开模，在开模过程中，上下模板要平行，严禁在模具歪斜情况下猛打。

小型模具或没有起重设备的情况下，模具要水平放置在工作台上，即模具在注塑机上的使用状态。用紫铜棒均匀打击动、定模板（导柱、导套附近的模板），保证平行分开动、定模，避免倾斜开模而损坏导柱、导套及其他模具零件。

（5）动模部分拆卸顺序

① 有顶管顶出时，由于顶管内有抽芯型芯，应首先拆出尾部顶丝，取出抽芯型芯。其次，用内六角扳手卸下动模固定板紧固螺栓，由下模板底面向模芯方向打出全部销钉。最后，拿走动模座板及垫块（模脚）。有支承板时拿走支承板。

② 拆卸推板上紧固螺钉，拿走推板。

③ 取出所有推杆、推管、复位杆、拉料杆，拿走推杆固定板。推杆、推管与推杆固定板用记号笔做好标记，以方便装配，避免装错而导致损坏模具。若是推出板结构，则拆出限位螺钉或限位块，拿走顶出板。

④ 若是垂直分型面（哈夫块）结构，则要拆出限位螺钉或限位块，然后取出斜滑块、复位弹簧、斜导柱或导轨等零件；若是侧抽芯结构，则要拆出限位块固定螺栓及导滑板（压块）螺钉、销钉，并取出限位块、导滑板、侧滑块、弹簧等零件。

⑤ 若动模成型板是镶拼结构，应首先检查有无冷却水管透过固定板安装在镶件上，若有应拆除冷却水管，然后拆出坚固型芯镶件的内六角螺栓，用平行垫铁垫起固定板两侧，垫铁尽量靠近镶件外形边缘以减少受力力臂。若镶件为通孔镶入，可直接用紫铜棒击打镶件。若镶件为沉孔镶入，可用废旧推杆插入镶件螺钉孔内，推杆直径要小于螺钉孔内径，避免损坏螺纹孔。用锤击打推杆进而打出镶件，镶件各受力点要均匀，禁止在歪斜情况下强行打出，保证镶件和固定板完好不变形。

⑥ 若导柱或导套与模板配合不是太紧，可用紫铜棒打出导柱或导套。

（6）定模部分拆卸顺序

① 拆卸定位圈紧固螺栓，取出定位圈。

② 由于浇口套与定模板通常采用过盈配合，在取出时极易把浇口套打得变形。因此，禁止用锤或钢棒直接击打浇口套，应选用直径合适且头部已车平的紫铜棒做成的冲击杆，使其对准浇口套的出胶部位，用锤或大铜棒击打冲击杆，进而打出浇口套。

③ 拆卸定模座板上的坚固螺栓和销钉，拿走定模座板。若是热流道结构，则要小心清除流道漏出的凝固塑料，然后把热流道系统从模具内拆除，避免损坏加热元件和传

感器。

④ 用铜棒打出导套或导柱。

⑤ 拆卸定模板，若有侧抽芯结构，首先要用紫铜棒打出斜导柱。若型腔为镶拼结构，应首先拆出紧固型腔镶件的内六角螺栓，拆卸时用平行垫铁垫起固定板两侧，垫铁尽量靠近型腔镶件外形边缘，以减少力臂。若型腔镶件为通孔镶入，可直接用紫铜棒击打型腔镶件。若型腔镶件为沉孔镶入，可用废旧推杆插入型腔镶件螺钉孔内，旧推杆直径要小于螺钉孔内径，避免损坏螺纹孔，甩铜棒击打推杆进而打出型腔镶件。拆卸时型腔镶件受力要均匀，禁止在歪斜情况强行打出，保证型腔镶件和固定板完好不变形。

3. 草绘塑料模具零件

模具拆卸完毕，开始草绘零件图时应分门别类测量，以保证配合零件的尺寸与公差相协调或一致。重点是要维修的零件。

① 用煤油或柴油，将拆卸下来的零件上的油污、轻微的铁锈或附着的其他杂质擦拭干净，并按要求有序存放。

② 典型塑料模具的组成零件按用途可分三类：成型零件、结构零件和导向零件，观察各类零部件结构特征，并记住名称。

③ 测量动模、定模各零件并绘制草图。组成模具的每种零件，除标准件外，都应画出草图，各关联零件之间的尺寸要协调一致。对于标准件，只要测量出其规格尺寸，查有关标准后列表记录即可。

草图绘制格式及标注内容按机械制图标准。

4. 制订维修零件的修配工艺方案及要求

① 根据测绘结果分析模具零件的磨损情况，确定需要更换的主要零件。

② 制订需要进行修理的零件修配工艺方案及要求。

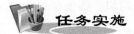 **任务实施**

本任务是将注射模拆卸，拆卸过程如下。

（1）模具的搬运和吊装

在模具搬运和吊装时要防止动、定模自动分离，模具应水平放置。

（2）分开动、定模

用铜棒均匀打击动、定模板（导柱、导套附近的模板），保证平行分开动、定模，避免倾斜开模而损坏导柱、导套及其他模具零件。

（3）动模部分拆卸顺序

① 用内六角扳手卸下动模板紧固螺栓，由下模板底面向模芯方向打出全部销钉。拿

走动模板、垫铁块（模脚）及顶杆固定板。

　　② 拆卸顶杆推板上紧固螺钉，拿走顶杆推板。

　　③ 取出所有顶杆、复位杆、拉料杆，拿走顶杆固定板。推杆、与顶杆固定板用记号笔做好标记，以方便装配，避免装错而导致损坏模具。拆出限位螺钉，拿走顶杆推板。

　　④ 拆出限位斜滑块，然后取出斜滑块，复位弹簧、斜导柱等零件。

　　⑤ 由于动模成型板是镶拼结构，拆出坚固型芯镶件的内六角螺栓，用平行垫铁垫起固定板两侧，垫铁尽量靠近镶件外形边缘以减少受力力臂。用紫铜棒击打镶件，镶件各受力点要均匀，禁止在歪斜情况下强行打出，保证镶件和固定板完好不变形。

　　⑥ 用紫铜棒打出导柱。

　　（4）定模部分拆卸顺序

　　① 拆卸定位圈紧固螺栓，取出定位圈。

　　② 拆卸浇口套，用铜棒击打冲击杆，打出浇口套。

　　③ 拆卸定模座板，拆卸定模座板上的坚固螺栓和销钉，拿走定模座板。

　　④ 用铜棒打出导套。

　　⑤ 拆卸定模板，拆出紧固型腔镶件的内六角螺栓，拆卸时用平行垫铁垫起固定板两侧，垫铁尽量靠近型腔镶件外形边缘，以减少力臂。拆卸时型腔镶件受力要均匀，禁止在歪斜情况强行打出，保证型腔镶件和固定板完好不变形。

　　（5）草绘零件图

　　将拆卸下来的零件擦拭干净，有序存放，分门别类测量，重点是要维修的零件。

　　（6）制订维修零件的修配工艺方案及要求

　　零件的修配工艺指导书如表 8-1 所示。

 任务考核

　　塑料模具的拆卸考核评价表如表 8-3 所示。

表 8-3　塑料模具的拆卸考核评价表

| 序号 | 实施项目 | 考核要求 | 配分 | 评分标准 | 得分 |
|------|----------|----------|------|----------|------|
| 1 | 模具的搬运和吊装 | 要防止动、定模自动分离，模具应水平放置 | 5 | 操作熟练，保证安全 | |
| 2 | 分开动、定模 | 保证平行分开动、定模 | 5 | 操作熟练，保证安全 | |

续表

| 序号 | 实施项目 | | 考核要求 | 配分 | 评分标准 | 得分 |
|---|---|---|---|---|---|---|
| 3 | 动模部分拆卸 | 卸下动模板 | 正确操作 | 5 | 操作熟练、目的明确，保证安全 | |
| | | 拆卸顶杆推板上紧固螺钉，拿走顶杆推板 | 正确操作，分类摆放，做出标记 | 5 | 分类摆放 | |
| | | 拆出限位螺钉 | 正确操作 | 5 | 分类摆放 | |
| | | 拆出限位斜滑块 | 正确操作 | 5 | 分类摆放 | |
| | | 拆出型芯镶件 | 保证镶件和固定板完好不变形 | 10 | 操作熟练，保证安全 | |
| | | 卸下导柱 | 正确操作 | 2 | 操作熟练 | |
| 4 | 定模部分拆卸 | 拆卸定位圈 | 正确操作 | 2 | 操作熟练 | |
| | | 拆卸浇口套 | 正确操作 | 3 | 操作熟练 | |
| | | 拆卸定模座板 | 正确操作 | 5 | 操作熟练 | |
| | | 卸下导套 | 正确操作 | 3 | 操作熟练 | |
| | | 拆卸定模板 | 正确操作 | 5 | 操作熟练 | |
| 5 | 草绘零件图 | 擦拭各零件 | 擦拭干净 | 5 | 擦拭干净 | |
| | | 分类测量各零件 | 正确使用量具 | 10 | 正确使用量具 | |
| | | 草绘零件图 | 手绘零件图 | 10 | 零件图标注齐全 | |
| 6 | 制订维修零件的修配工艺方案及要求 | 分析模具零件的磨损情况，确定需要更换的主要零件 | 确定需要更换的主要零件 | 5 | 正确判断零件的磨损情况 | |
| | | 制订需要进行修理的零件修配工艺方案及要求 | 制订零件修配工艺方案 | 10 | 修理的零件修配工艺方案合理，要求明确 | |

# 项目思考与练习 8

1. 为什么要了解冲压模具的拆卸工艺？
2. 简要叙述塑料模具拆卸的一般流程。

# 附　　录

## 附录 A　几种常用的冲压设备技术参数

表 A-1　压力机的主要技术参数

| 名　称 | | 开式双柱可倾式压力机 | | | 单柱固定台压力机 | 开式双柱固定台压力机 | 闭式单点压力机 | 闭式双点压力机 | 闭式双动深压力机 | 双盘摩擦压力机 |
|---|---|---|---|---|---|---|---|---|---|---|
| 型　号 | | J23-6.3 | JH23-16 | JG23-40 | J11-50 | JD21-100 | JA31-160B | J36-250 | JA45-100 | J53-63 |
| 公称压力/kN | | 63 | 160 | 400 | 500 | 1 000 | 1 600 | 2 500 | 内滑块1 000 外滑块630 | 630 |
| 滑块行程/mm | | 35 | 50 压力行程 3.17 | 100 压力行程 7 | 10～90 | 10～120 | 160 压力行程 8.16 | 400 压力行程 11 | 内滑块420 外滑块260 | 270 |
| 行程次数/(次·min⁻¹) | | 170 | 150 | 80 | 90 | 75 | 32 | 17 | 15 | 22 |
| 最大闭合高度/mm | | 150 | 220 | 300 | 270 | 400 | 480 | 750 | 内滑块580 外滑块530 | 最小闭合高度190 |
| 最大装模高度/mm | | 120 | 180 | 220 | 190 | 300 | 375 | 590 | 内滑块480 外滑块430 | |
| 闭合高度调节量/mm | | 35 | 45 | 80 | 75 | 85 | 120 | 250 | 100 | |
| 立柱间距离/mm | | 150 | 220 | 300 | | 480 | 750 | | 950 | |
| 导轨间距离/mm | | | | | | | 590 | 2 640 | 780 | 350 |
| 工作台尺寸/mm | 前后 | 200 | 300 | 150 | 450 | 600 | 790 | 1 250 | 900 | 450 |
| | 左右 | 310 | 450 | 300 | 650 | 1 000 | 710 | 2 780 | 950 | 400 |

续表

| 垫板尺寸 /mm | 厚度 | 30 | 40 | 80 | 80 | 100 | 105 | 160 | 100 | |
|---|---|---|---|---|---|---|---|---|---|---|
| | 孔径 | 140 | 210 | 200 | 130 | 200 | 430×430 | | 555 | 80 |
| 模柄孔尺寸 /mm | 直径 | 30 | 40 | 50 | 50 | 60 | 打料孔 $\phi75$ | | 50 | 60 |
| | 深度 | 55 | 60 | 70 | 80 | 80 | | | 60 | 80 |
| 电动机功率/kW | | 0.75 | 1.5 | 4 | 5.5 | 7.5 | 12.5 | 33.8 | 22 | 4 |

表 A-2　SP 系列小型压力机的主要技术参数

| 压力机型号 | SP-10CS | SP-15CS | SP-30CS | SP-50CS |
|---|---|---|---|---|
| 公称压力/kN | 100 | 150 | 300 | 500 |
| 行程长度/mm | 40～10 | 50～10 | 50～20 | 50～20 |
| 行程次数/（次·$\min^{-1}$） | 75～850 | 80～850 | 100～800 | 150～450 |
| 滑块行程/mm | 25 | 30 | 50 | 50 |
| 垫板面积/$mm^2$ | 400×300 | 450×330 | 620×390 | 1 080×470 |
| 垫板厚度/mm | 70 | 80 | 100 | 100 |
| 滑块面积/$mm^2$ | 200×180 | 220×190 | 320×250 | 820×360 |
| 工作台孔尺寸/mm | 240×100 | 250×120 | 300×200 | 600×180 |
| 封闭高度/mm | 185～200 | 200～220 | 250～265 | 290～315 |
| 主电动机功率/kW | 0.75 | 2.2 | 5.5 | 7.5 |
| 机床质量/kg | 900 | 1 400 | 4 000 | 6 000 |
| 机床外形尺寸（$L×B$）/mm | 935×780 | 910×1 200 | 1 200×1 275 | 1 625×1 495 |
| 机床高度 $H$/mm | 1 680 | 1 900 | 2 170 | 2 500 |

　　注：SP 系列小型高速压力机为小型 C 形机架（国际上称为 OBI 型机架）的开式压力机，为日本山田公司生产，适用于工业用接插件、电位器、电容器等小型电子元件的制件生产。

# 附录 B　冲压模具零件的常用公差配合及表面粗糙度

表 B-1　冲压模具零件的常用公差配合

| 配合零件名称 | 精度及配合 | 配合零件名称 | 精度及配合 |
|---|---|---|---|
| 导柱与下模座 | $\dfrac{H7}{r6}$ | 固定挡料销与凹模 | $\dfrac{H7}{n6}$ 或 $\dfrac{H7}{m6}$ |

续表

| 配合零件名称 | 精度及配合 | 配合零件名称 | 精度及配合 |
|---|---|---|---|
| 导套与上模座 | $\dfrac{H7}{r6}$ | 活动挡料销与卸料板 | $\dfrac{H9}{h8}$或$\dfrac{H9}{h9}$ |
| 导柱与导套 | $\dfrac{H6}{h5}$或$\dfrac{H7}{h6}$、$\dfrac{H7}{f7}$ | 圆柱销与凸模固定板、上下模座等 | $\dfrac{H7}{n6}$ |
| 模柄（带法兰盘）与上模座 | $\dfrac{H8}{h8}$或$\dfrac{H9}{h9}$ | 螺钉与螺杆孔 | 0.5 mm 或 1 mm（单边） |
| 凸模与凸模固定板 | $\dfrac{H7}{m6}$或$\dfrac{H7}{k6}$ | 卸料板与凸模或凸凹模 | 0.1～0.5 mm（单边） |
| | | 顶件板与凹模 | 0.1～0.5 mm（单边） |
| 凸模（凹模）与上模座、下模座（镶入式） | $\dfrac{H7}{h6}$ | 推杆（打杆）与模柄 | 0.5～1 mm（单边） |
| | | 推销（顶销）与凸模固定板 | 0.2～0.5 mm（单边） |

表 B-2　冲压模具零件的表面粗糙度

| 表面粗糙度 $Ra/\mu m$ | 使用范围 | 表面粗糙度 $Ra/\mu m$ | 使用范围 |
|---|---|---|---|
| 0.2 | 抛光的成形面及平面 | 1.6 | 1. 内孔表面——在非热处理零件上配合用；<br>2. 底板平面 |
| 0.4 | 1. 压弯、拉深、成形的凸模和凹模工作表面；<br>2. 圆柱表面和平面的刃口；<br>3. 滑动和精确导向的表面 | 3.2 | 1. 磨加工的支承、定位和紧固表面——用于非热处理的零件；<br>2. 底板平面 |
| 0.8 | 1. 成形的凸模和凹模刃口；<br>2. 凸模、凹模镶块的接合面；<br>3. 过盈配合和过渡配合的表面——用于热处理零件；<br>4. 支承定位和紧固表面——用于热处理零件；<br>5. 磨加工的基准平面；<br>6. 要求准确的工艺基准表面 | 6.3～12.5 | 不与冲压制件及冲压模具零件接触的表面 |
| | | 25 | 粗糙的不重要的表面 |

# 附录 C　冲压模架

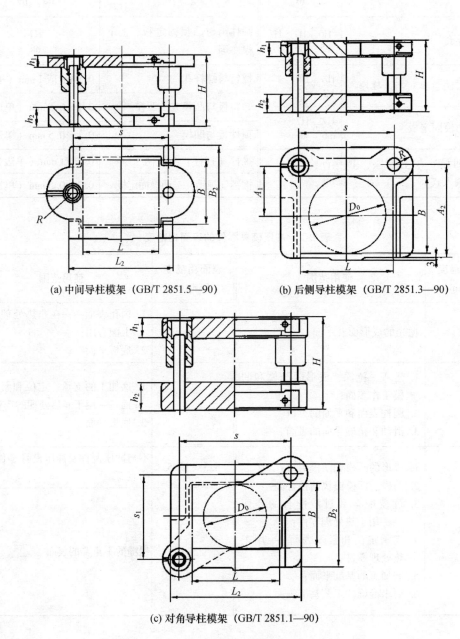

(a) 中间导柱模架（GB/T 2851.5—90）　　　(b) 后侧导柱模架（GB/T 2851.3—90）

(c) 对角导柱模架（GB/T 2851.1—90）

图 C-1　滑动导向模架结构形式

### 表 C-1　中间、后侧及对角导柱的模架规格　　　　　单位：mm

| L | 63 | | | | 63 | | | | 80 | | | | 100 | | | |
|---|---|---|---|---|---|---|---|---|---|---|---|---|---|---|---|---|
| B | 50 | | | | 63 | | | | | | | | | | | |
| $D_0$ | 63 | | | | | | | | | | | | | | | |
| H 最大 | 115 | 125 | 130 | 140 | 115 | 125 | 130 | 140 | 130 | 150 | 145 | 165 | 130 | 150 | 145 | 165 |
| H 最小 | 100 | 110 | 110 | 120 | 100 | 110 | 110 | 120 | 110 | 130 | 120 | 140 | 110 | 130 | 120 | 140 |
| $h_1$ | 20 | | 25 | | 20 | | 25 | | 25 | | 30 | | 25 | | 30 | |
| $h_2$ | 25 | | 30 | | 25 | | 30 | | 30 | | 40 | | 30 | | 40 | |
| 中间导柱 | | | | | | | | | | | | | | | | |
| 后侧导柱 | | | | | | | | | | | | | | | | |
| 对角导柱 | | | | | | | | | | | | | | | | |

| L | 80 | | | | 100 | | | | 125 | | | | 100 | | | |
|---|---|---|---|---|---|---|---|---|---|---|---|---|---|---|---|---|
| B | 80 | | | | | | | | | | | | | | | |
| $D_0$ | 80 | | | | | | | | | | | | 100 | | | |
| H 最大 | 130 | 150 | 145 | 165 | 130 | 150 | 145 | 165 | 130 | 150 | 145 | 165 | 130 | 150 | 145 | 165 |
| H 最小 | 110 | 130 | 120 | 140 | 110 | 130 | 120 | 140 | 110 | 130 | 120 | 140 | 110 | 130 | 120 | 140 |
| $h_1$ | 25 | | 30 | | 25 | | 30 | | 25 | | 30 | | 25 | | 30 | |
| $h_2$ | 30 | | 40 | | 30 | | 40 | | 30 | | 40 | | 30 | | 40 | |
| 中间导柱 | | | | | | | | | | | | | | | | |
| 后侧导柱 | | | | | | | | | | | | | | | | |
| 对角导柱 | | | | | | | | | | | | | | | | |

| L | 125 | | | | 160 | | | | 200 | | | | 125 | | | |
|---|---|---|---|---|---|---|---|---|---|---|---|---|---|---|---|---|
| B | 100 | | | | | | | | | | | | | | | |
| $D_0$ | | | | | | | | | | | | | 125 | | | |
| H 最大 | 150 | 165 | 170 | 190 | 170 | 190 | 195 | 225 | 170 | 190 | 195 | 225 | 150 | 165 | 170 | 190 |
| H 最小 | 120 | 140 | 140 | 160 | 140 | 160 | 160 | 190 | 140 | 160 | 160 | 190 | 120 | 140 | 140 | 160 |
| $h_1$ | 30 | | 35 | | 35 | | 40 | | 35 | | 40 | | 30 | | 35 | |
| $h_2$ | 35 | | 45 | | 40 | | 50 | | 40 | | 50 | | 35 | | 45 | |

| 中间导柱 | | | | | | | | | | | | | | | | |
|---|---|---|---|---|---|---|---|---|---|---|---|---|---|---|---|---|
| 后侧导柱 | | | | | | | | | | | | | | | | |
| 对角导柱 | | | | | | | | | | | | | | | | |
| $L$ | 160 | | | | 200 | | | | 250 | | | | 160 | | | |
| $B$ | 125 | | | | | | | | | | | | 160 | | | |
| $D_0$ | | | | | | | | | | | | | 160 | | | |
| $H$ 最大 | 170 | 190 | 205 | 225 | 170 | 190 | 205 | 225 | 200 | 220 | 235 | 255 | 200 | 220 | 235 | 255 |
| $H$ 最小 | 140 | 160 | 170 | 190 | 140 | 160 | 170 | 190 | 160 | 180 | 190 | 210 | 160 | 180 | 190 | 210 |
| $h_1$ | 35 | | 40 | | 35 | | 40 | | 40 | | 45 | | 40 | | 45 | |
| $h_2$ | 40 | | 50 | | 40 | | 50 | | 45 | | 55 | | 45 | | 55 | |

| 中间导柱 | | | | | | | | | | | | | | | | |
|---|---|---|---|---|---|---|---|---|---|---|---|---|---|---|---|---|
| 后侧导柱 | | | | | | | | | | | | | | | | |
| 对角导柱 | | | | | | | | | | | | | | | | |
| $L$ | 200 | | | | 250 | | | | 200 | | | | 250 | | | |
| $B$ | 160 | | | | | | | | 200 | | | | | | | |
| $D_0$ | | | | | | | | | 200 | | | | | | | |
| $H$ 最大 | 200 | 220 | 235 | 255 | 210 | 240 | 245 | 265 | 210 | 240 | 245 | 265 | 210 | 240 | 245 | 265 |
| $H$ 最小 | 160 | 180 | 190 | 210 | 170 | 200 | 200 | 220 | 170 | 200 | 200 | 220 | 170 | 200 | 200 | 220 |
| $h_1$ | 40 | | 45 | | 45 | | 50 | | 45 | | 50 | | 45 | | 50 | |
| $h_2$ | 45 | | 55 | | 50 | | 60 | | 50 | | 60 | | 50 | | 60 | |

| 中间导柱 | | | |
|---|---|---|---|
| 后侧导柱 | | | |
| 对角导柱 | | | |
| $L$ | 315 | 250 | 315 | 400 |
| $B$ | 200 | | 250 | |
| $D_0$ | | 250 | | |

续表

| $H$ 最大 | 230 | 260 | 255 | 285 | 230 | 260 | 255 | 285 | 250 | 280 | 290 | 320 | 250 | 280 | 290 | 320 |
|---|---|---|---|---|---|---|---|---|---|---|---|---|---|---|---|---|
| 最小 | 190 | 220 | 210 | 240 | 190 | 220 | 210 | 240 | 215 | 245 | 245 | 275 | 215 | 245 | 245 | 275 |
| $h_1$ | 45 | | 50 | | 45 | | 50 | | 50 | | 55 | | 50 | | 55 | |
| $h_2$ | 55 | | 65 | | 55 | | 65 | | 60 | | 70 | | 60 | | 70 | |
| 中间导柱 | | | | | | | | | | | | | | | | |
| 后侧导柱 | | | | | | | | | | | | | | | | |
| 对角导柱 | | | | | | | | | | | | | | | | |

| $L$ | 315 | 400 | 500 |
|---|---|---|---|
| $B$ | 315 | | |
| $D_0$ | 315 | | |

| $H$ 最大 | 250 | 280 | 290 | 320 | 290 | 315 | 320 | 350 | 290 | 315 | 320 | 250 |
|---|---|---|---|---|---|---|---|---|---|---|---|---|
| 最小 | 215 | 245 | 245 | 275 | 245 | 275 | 275 | 305 | 245 | 275 | 275 | 305 |
| $h_1$ | 50 | | 55 | | 55 | | 60 | | 55 | | 60 | |
| $h_2$ | 60 | | 70 | | 65 | | 75 | | 65 | | 75 | |
| 中间导柱 | | | | | | | | | | | | |
| 后侧导柱 | | | | | | | | | | | | |
| 对角导柱 | | | | | | | | | | | | |

| $L$ | 400 | 630 | 500 |
|---|---|---|---|
| $B$ | 400 | | 500 |
| $D_0$ | | | |

| $H$ 最大 | 290 | 315 | 320 | 350 | 280 | 305 | 310 | 340 | 300 | 325 | 330 | 360 |
|---|---|---|---|---|---|---|---|---|---|---|---|---|
| 最小 | 245 | 275 | 275 | 305 | 240 | 270 | 270 | 300 | 260 | 290 | 290 | 320 |
| $h_1$ | 55 | | 60 | | 55 | | 65 | | 55 | | 65 | |
| $h_2$ | 65 | | 75 | | 65 | | 80 | | 65 | | 80 | |
| 中间导柱 | | | | | | | | | | | | |
| 后侧导柱 | | | | | | | | | | | | |
| 对角导柱 | | | | | | | | | | | | |

注：表中粗横线表示有此规格。

### 表 C-2　中间导柱模架下模座轮廓尺寸　　　　　　　　单位：mm

| L | 63 | 63 | 80 | 100 | 80 | 100 | 125 | 100 | 125 | 160 | 200 | 125 | 160 | 200 | 250 | 160 | 200 | 250 | 200 | 250 | 315 | 250 | 315 | 400 | 315 | 400 | 500 | 400 | 630 | 500 |
|---|---|---|---|---|---|---|---|---|---|---|---|---|---|---|---|---|---|---|---|---|---|---|---|---|---|---|---|---|---|---|
| B | 50 | 63 | | | 80 | | | 100 | | | | 125 | | | | 160 | | | 200 | | | 250 | | | 315 | | | 400 | | 500 |
| L₂ | 125 | 130 | 130 | 170 | 150 | 170 | 200 | 180 | 200 | 240 | 280 | 200 | 250 | 290 | 340 | 270 | 310 | 360 | 320 | 370 | 435 | 380 | 445 | 540 | 465 | 550 | 655 | 500 | 785 | 655 |
| B₂ | 100 | 110 | 120 | | 140 | | | 160 | | | | 190 | | | | 230 | | | 270 | | | 330 | | | 400 | | | 490 | | 590 |
| s | 100 | | 120 | 140 | 125 | 145 | 170 | 145 | 170 | 210 | 250 | 170 | 210 | 250 | 305 | 215 | 255 | 310 | 260 | 310 | 380 | 315 | 385 | 470 | 390 | 475 | 575 | 475 | 710 | 580 |
| R | 28 | | 32 | | | 35 | | | | 38 | 42 | 38 | 42 | | 45 | | | | 50 | | | 55 | | | 60 | | | 65 | | 70 |

注：1. 参照 GB/T 2855.10—90。

　　2. L、B、L₂、B₂、s、R 的标注见图 C-1。

### 表 C-3　后侧导柱模架下模座轮廓尺寸　　　　　　　　单位：mm

| L | 63 | 63 | 80 | 100 | 80 | 100 | 125 | 100 | 125 | 160 | 200 | 125 | 160 | 200 | 250 | 160 | 200 | 250 | 200 | 250 | 315 | 250 | 315 | 400 |
|---|---|---|---|---|---|---|---|---|---|---|---|---|---|---|---|---|---|---|---|---|---|---|---|---|
| B | 50 | 63 | | | 80 | | | 100 | | | | 125 | | | | 160 | | | 200 | | | 250 | | |
| s | 70 | 70 | 94 | 116 | 94 | 116 | 130 | 116 | 130 | 170 | 210 | 130 | 170 | 210 | 250 | 170 | 210 | 250 | 210 | 250 | 305 | 250 | 305 | 390 |
| R | 25 | | 28 | | 32 | | | | 35 | 38 | 35 | 38 | | 42 | | | 45 | | | 50 | | | 55 | |
| A₁ | 45 | 50 | | | 65 | | | 75 | | | | 85 | | | | 110 | | | 130 | | | 160 | | |
| A₂ | 75 | 85 | | | 110 | | | 130 | | | | 150 | | | | 195 | | | 235 | | | 290 | | |

注：1. 参照 GB/T 2855.6—90。

　　2. L、B、s、R、A₁、A₂ 的标注见图 C-1。

### 表 C-4　对角导柱模架下模座轮廓尺寸　　　　　　　　单位：mm

| | | | | | | | | | | |
|---|---|---|---|---|---|---|---|---|---|---|
| L | 63 | 63 | 80 | 100 | 80 | 100 | 125 | 100 | 125 | 160 |
| B | 50 | 63 | | | 80 | | | 100 | | |
| L₂ | 125 | 130 | 150 | 170 | 150 | 170 | 200 | 180 | 200 | 240 |
| B₂ | 100 | 110 | 120 | | 140 | | | 160 | | |
| s | 100 | | | 120 | 140 | 125 | 145 | 170 | | |
| s₁ | 85 | | 95 | | 105 | | | 125 | 145 | 150 |
| L | 200 | 125 | 160 | 200 | 250 | 160 | 200 | 250 | 200 | 250 |
| B | 100 | 125 | | | | 160 | | | 200 | |
| L₂ | 280 | 200 | 250 | 290 | 340 | 270 | 310 | 360 | 320 | 370 |
| B₂ | 160 | 190 | | | | 230 | | | 270 | |
| s | 250 | 170 | 210 | 250 | 305 | 215 | 255 | 310 | 260 | 310 |
| s₁ | 150 | 175 | | | 180 | | 215 | 220 | | 260 |
| L | 315 | 250 | 315 | 400 | 315 | 400 | 500 | 400 | 630 | 500 |
| B | 200 | 250 | | | 315 | | | 400 | | 500 |
| L₂ | 435 | 380 | 455 | 540 | 460 | 550 | 655 | 560 | 780 | 650 |
| B₂ | 270 | 330 | | | 400 | | | 490 | | 690 |
| s | 380 | 315 | 385 | 470 | 390 | 475 | 575 | 475 | 710 | 580 |
| s₁ | 265 | 315 | 320 | | 390 | | | 475 | 480 | 580 |

注：1. 参照 GB/T 2855.2—90；

　　2. L、B、L₂、B₂、s、s₁ 的标注见图 C-1。

表 C-5　中间导柱圆形模架规格　　　　　　　　　　单位：mm

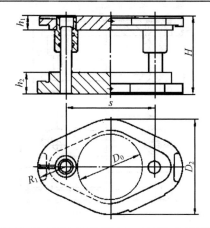

| $D_0$ | | 63 | | | | 80 | | | | 100 | | | | 125 | | | |
|---|---|---|---|---|---|---|---|---|---|---|---|---|---|---|---|---|---|
| $H$ | 最大 | 115 | 125 | 130 | 140 | 130 | 150 | 145 | 165 | 130 | 150 | 145 | 165 | 150 | 165 | 170 | 190 |
| | 最小 | 100 | 110 | 110 | 120 | 110 | 130 | 120 | 140 | 110 | 130 | 120 | 140 | 120 | 140 | 140 | 160 |
| $h_1$ | | 20 | | 25 | | 25 | | 30 | | 25 | | 30 | | 30 | | 35 | |
| $h_2$ | | 25 | | 30 | | 30 | | 40 | | 30 | | 40 | | 35 | | 45 | |
| $s$ | | 100 | | | | 125 | | | | 145 | | | | 170 | | | |
| $R_1$ | | 44 | | | | 58 | | | | 60 | | | | 68 | | | |
| $D_2$ | | 102 | | | | 136 | | | | 160 | | | | 190 | | | |
| $D_0$ | | 160 | | | | 200 | | | | 250 | | | | 315 | | | |
| $H$ | 最大 | 200 | 220 | 235 | 255 | 210 | 240 | 245 | 265 | 230 | 260 | 255 | 280 | 250 | 280 | 290 | 320 |
| | 最小 | 160 | 180 | 190 | 210 | 170 | 200 | 200 | 220 | 190 | 220 | 210 | 240 | 215 | 245 | 245 | 275 |
| $h_1$ | | 40 | | 45 | | 45 | | 50 | | 45 | | 50 | | 50 | | 55 | |
| $h_2$ | | 45 | | 55 | | 50 | | 60 | | 55 | | 65 | | 60 | | 70 | |
| $s$ | | 215 | | | | 260 | | | | 315 | | | | 390 | | | |
| $R_1$ | | 80 | | | | 85 | | | | 95 | | | | 115 | | | |
| $D_2$ | | 240 | | | | 280 | | | | 340 | | | | 425 | | | |
| $D_0$ | | 400 | | | | 500 | | | | 630 | | | | | | | |
| $H$ | 最大 | 290 | 315 | 320 | 350 | 300 | 325 | 330 | 360 | 310 | 340 | 350 | 380 | | | | |
| | 最小 | 245 | 275 | 275 | 305 | 260 | 290 | 290 | 320 | 270 | 300 | 310 | 340 | | | | |
| $h_1$ | | 55 | | 60 | | 55 | | 65 | | 60 | | 75 | | | | | |
| $h_2$ | | 65 | | 75 | | 65 | | 80 | | 70 | | 90 | | | | | |
| $s$ | | 475 | | | | 580 | | | | 720 | | | | | | | |
| $R_1$ | | 115 | | | | 125 | | | | 135 | | | | | | | |
| $D_2$ | | 510 | | | | 620 | | | | 758 | | | | | | | |

注：参照 GB/T 2851.6—90、GB/T 2855.12—90。

表 C-6　后侧导柱窄形模架规格　　　　　　　　　　单位：mm

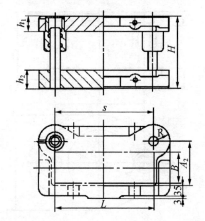

| L | 250 | 315 | 315 | 400 | 355 | 500 | 500 | 710 | 630 | 800 |
|---|---|---|---|---|---|---|---|---|---|---|
| B | 80 | | 100 | | 125 | | 160 | | 200 | |
| II 最大 | 210 240 | 210 240 | 245 265 | 245 265 | 245 265 | 255 285 | 290 320 | 290 320 | 320 350 | 320 350 |
| II 最小 | 170 200 | 170 200 | 200 220 | 200 220 | 200 220 | 210 240 | 245 275 | 245 275 | 275 305 | 275 305 |
| $h_1$ | 45 | | 45 | | 50 | | 50 | | 55 | 60 |
| $h_2$ | 50 | | 55 | 60 | 60 | 65 | 70 | | 75 | |
| s | 240 | 305 | 305 | 380 | 345 | 480 | 480 | 680 | 610 | 770 |
| R | 45 | | 50 | | 55 | | 60 | 65 | | 70 |
| $A_2$ | 115 | 120 | 135 | 140 | 160 | 165 | 205 | | 250 | |

注：参照 GB/T 2851.4—90、GB/T 2855.8—90。

# 参 考 文 献

［1］ 彭建声. 简明模具工实用技术手册 ［M］. 北京：机械工业出版社，1999.

［2］ 朱磊. 模具装配、调试与维修（任务驱动模式）［M］. 北京：机械工业出版社，2012.

［3］ 任建伟. 模具工程技术基础 ［M］. 北京：高等教育出版社，2002.

［4］ 屈华昌. 塑料成型工艺与模具设计 ［M］. 北京：高等教育出版社，2001.

［5］ 邓石城，陈恒清. 袖珍模具工手册 ［M］. 北京：机械工业出版社，2002.

［6］ 柳燕君，杨善义. 模具制造技术 ［M］. 北京：高等教育出版社，2002.

［7］ 王敏杰，宋满仓. 模具制造技术 ［M］. 北京：电子工业出版社，2004.

［8］ 牟林，魏峥. 冷冲压工艺及模具设计教程 ［M］. 北京：清华大学出版社，2005.

［9］ 李卫民，王荣. 模具制作与装配 ［M］. 北京机械工业出版社，2015.

［10］ 刘航. 模具制造技术 ［M］. 西安：西安电子科技大学出版社，2006.

［11］ 王立华. 模具制作实训 ［M］. 北京：清华大学出版社，2006.

［12］ 成百辆. 模具制造技能 ［M］. 北京：清华大学出版社，2005.

［13］ 成虹. 冲压工艺与模具设计 ［M］. 北京：高等教育出版社，2006.

［14］ 徐长寿. 现代模具制造 ［M］. 北京：化学工业出版社，2007.

［15］ 马朝兴. 冲压工艺与模具设计 ［M］. 北京：化学工业出版社，2006.

［16］ 欧阳永红. 模具装配、调试与维修 ［M］. 北京：中国劳动保障出版社，2007.

［17］ 上海市职业指导培训中心. 模具工技能快速入门 ［M］. 南京：江苏科学技术出版社，2007.

［18］ 邱言龙，等. 模具钳工技术问答 ［M］. 北京：机械工业出版社，2001.